我爱用烤箱！

〔韩〕朴瑛卿 〔韩〕金鲜兰 〔韩〕金圣美 〔韩〕朴孝善/著

高银玲/译

U0291276

北京科学技术出版社

오븐엔조이 미니오븐요리

©2011 by Park Young Kyung, Park Hyo sun, Kim Sung mi, Kim Sun lan
All rights reserved.
Translation rights arranged by Sigongsa Co., Ltd
through Shinwon Agency Co., Korea
Simplified Chinese Translation Copyright© 2013 by Beijing Science and Technology Publishing Co., Ltd.

著作权合同登记号　图字：01-2012-6992

图书在版编目（CIP）数据

　　我爱用烤箱! ／（韩）朴瑛卿等著；高银玲译 . —— 北京：北京科学技术
出版社，2013.3（2015.8 重印）
　　ISBN 978-7-5304-6335-2

　　Ⅰ . ①我… Ⅱ . ①朴… ②高… Ⅲ . ①电烤箱–菜谱 Ⅳ . ① TS972.129.2

　　中国版本图书馆 CIP 数据核字 (2012) 第 256889 号

我爱用烤箱！

作　　者：〔韩〕朴瑛卿　〔韩〕金鲜兰　〔韩〕金圣美　〔韩〕朴孝善
译　　者：高银玲
策划编辑：崔晓燕
责任编辑：邵　勇
责任印制：张　良
图文制作：筱　琨
出 版 人：曾庆宇
出版发行：北京科学技术出版社
社　　址：北京西直门南大街16号
邮政编码：100035
电话传真：0086-10-66135495（总编室）
　　　　　0086-10-66161952（发行部传真）
　　　　　0086-10-66113227（发行部）
网　　址：www.bkydw.cn
电子信箱：bjkj@bjkjpress.com
经　　销：新华书店
印　　刷：北京印匠彩色印刷有限公司
开　　本：720mm×1000mm　1/16
印　　张：12
版　　次：2013年3月第1版
印　　次：2015年8月第10次印刷
ISBN 978-7-5304-6335-2/T·731

定价：39.80元

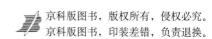

改变我人生的家用烤箱

Akira的故事/
>> blog.naver.com/akides82

之前，我对烹饪不感兴趣，也不会做菜，直到用了烤箱，我才进入了烹饪的世界。原先，我用的是体积庞大的燃气烤箱，后来才购买了小巧的家用烤箱。家用烤箱真的让我见识了另外一个世界，它大小适中、价格低廉、非常实用，不仅可以做菜，还可以烘焙蛋糕，像是一个"万能超人"。有了它，以前只能在菜谱书或是网络上看到的精美菜肴，还有面包店里卖的令人垂涎三尺的蛋糕，都能自己亲手制作了。此外，我还与很多人分享了做烤箱美食的经验。

今天我在烤香香的比萨饼、不油腻的鸡肉串、红薯和土豆，与家人分享美食。现在，做烤箱美食一点儿都不难。只要把原料准备好，放入烤箱，转动旋钮，就能做出想要的美味。

对我来说，能参与本书的编撰是莫大的荣幸。希望能有更多的读者通过这本书进入烤箱美食的世界。

朴瑛卿：她爱好广泛，想做的事情也很多。她的博客"Akira的罗曼蓝皮书"中包括猫咪、菜肴、咖啡、照片等多种主题，人气爆棚。

超简单且非常健康的**烤箱料理**

香草香气的故事/
>> blog.naver.com/rarasn

我很喜欢烹饪，但想在兼顾工作的同时充分享受烹饪的乐趣，真的不是一件简单的事情。作为职场女性的我经常会遇到下面这种情况：去菜市场买来一大堆菜，却只用了其中一部分做了一两道菜，剩下的那些就因没有时间做而腐烂变质，于是我只好将它们扔掉。渐渐地，我越来越习惯去餐厅吃饭，叫外卖的次数也逐渐增多。直到某一天，我突然决定，要把休息时间完全花在自己身上。我买了一部之前就想要的相机，然后开通了博客。我在这个空间里记录日常生活的点点滴滴，并上传菜谱。很多人来光顾我的博客，我的博客的访问人数越来越多。兴高采烈的我开始经常做菜，餐桌上的菜肴越来越丰盛，我的健康状况也越来越好。

能够抵抗餐厅菜肴的诱惑，在家做饭吃，真的不是一件简单的事情。大家最先要摒弃的就是怕麻烦和怕失败的心理。只要跟着本书中的菜谱去做，就一定能做出完美的菜肴。只要改变心态，你一定会离"我妈妈最棒！我老婆最棒！我女儿最棒！我朋友最棒！"这些话更近一步。

金鲜兰：她喜欢烹饪和摄影，擅长用普通的食材做出独特的菜肴。

妈妈和主妇们，你们也要加油哦！

Marian的故事
>> blog.naver.com/2140799

在抚养孩子的过程中，最让我操心的是孩子的健康问题。我每天都在想，怎样才能让孩子吃得更好、更健康。虽然厨房里有各种厨具，但都没有烤箱好用。烤箱体积小、清洁方便，我会经常使用。用烤箱做出来的菜比用其他烹饪方法做出来的菜更美观、更健康，所以做菜的人心情也会变好。最为重要的是，看到色泽漂亮又有营养的美味时，孩子会情不自禁地连声赞叹。今天，我坚持自己为5岁的儿子制定幸福菜谱。因为我相信，妈妈有多用心，孩子就有多健康。像我一样的妈妈和主妇们，你们也要加油哦！

金圣美：5岁孩子俊壮的母亲，知名的育儿博客博主，曾作客"SBS SPECIAL"等韩国电视节目。

写给把烤箱当作餐具储存柜的人们

希尼弗的故事
>> blog.naver.com/truething82

我上小学的时候，家里就买了烤箱。从那时起，我就知道面包和曲奇不是烤箱美食的全部。当时，烤箱没有现在这么普及。一放学，我就带着朋友们到家里，一起品尝妈妈做的比萨饼、松饼、烤鸡。因为从小就看着妈妈用烤箱做菜，所以长大以后，我很自然地就开始做烤箱美食了。不知从何时起，健康这个话题渐渐受到人们的重视，几乎家家都有一个小型烤箱。不过，还是有很多人觉得做烤箱美食很难，所以只是将烤箱当作餐具储存柜。

本书中，我们4位博主分别介绍了不同风格的菜肴。希望各位读者阅读本书之后，能让家中的烤箱真正发挥作用。如果本书能带给大家一丝帮助，那将是我们莫大的荣幸。

朴孝善：专攻食品营养学，曾当过营养师，前不久做了妈妈，曾出版《四人四色汤料理》《四人四色下饭菜》《四人四色妈妈的健康食谱》《四人四色妈妈的零食食谱》。

目录

原料的计量 / 1
烤箱的功能和操作方法 / 2
烤箱温度和烤箱容器 / 3
烤箱的使用注意事项和清洁方法 / 4
初学者经常遇到的问题 / 6

Chapter **01 Akira 基本烤箱美食 / 9**

烤红薯&烤土豆&烤鸡蛋 / 10
锅巴&锅巴饼 / 12
墨西哥面饼比萨 / 14
烤米条 / 16
薄脆饼干迷你比萨 / 17
蒜香法棍 / 18
香酥烤鸡 / 19
烤蔬菜 / 20
芝士焗红薯 / 22
奶酪金枪鱼通心粉 / 24
南瓜饼&肉圆 / 26

蔬菜鸡蛋羹 / 28
烤辣味豆腐 / 30
香蒜黄油鲅鱼 / 31
烤鲐鱼 / 32
咖喱烤刀鱼 / 33
奶酪火鸡 / 34
辣炒肉 / 36
烤蘑菇牛肉 / 38
烤猪排 / 40
辣烤鱿鱼 / 42

Chapter **02 香草香气 周末烤箱美食 / 45**

奶酪猪肉 / 46
烤肋排 / 48
红酒烤肉 / 50
焗南瓜 / 52
椰子虾 / 54

香草烤鸡 / 56
肉圆意大利面 / 58
红薯丸子 / 60
海鲜杂烩 / 62
翡翠贻贝烤奶酪 / 64

辣烤鸡翅 / 66　　　　鲢鱼蔬菜沙拉 / 82

迷你比萨 / 68　　　　鸡胸肉沙拉 / 84

烤扇贝 / 70　　　　　海鲜沙拉&坚果汁 / 86

烤鸡肉串 / 72　　　　香草布丁 / 88

烤猪肉 / 74　　　　　培根米饭 / 91

刀叉猪排 / 76　　　　烤肉春卷&炒饭春卷 / 92

面包香蕉布丁 / 78　　鱼肉汉堡 / 94

汉堡包牛排 / 79　　　日式照烧酱炸鸡汉堡 / 96

面包片沙拉 / 80　　　烤肉包饭&三明治&法吉它 / 98

Chapter　**03**　**Marian**　**儿童零食 / 101**

红柿子椒奶酪米条 / 102　　肉饼雪人 / 120

鹌鹑蛋米条串 / 104　　　　橘子南瓜烤菜 / 122

虾仁鸡肉丸 / 106　　　　　南瓜烤培根 / 124

核桃&杏仁糖 / 108　　　　小鳀鱼饭团 / 125

冰鱼脯卷米条 / 110　　　　奶酪红薯辣白菜 / 126

南瓜干&莲藕干 / 111　　　瓜子胡萝卜松饼 / 128

香菇烤培根 / 112　　　　　豆腐芝麻棒 / 130

迷你蒜香面包 / 114　　　　面包片比萨 / 133

豆腐烤奶酪 / 116　　　　　意式烤年糕 / 134

豆腐蔬菜杯 / 117　　　　　葡萄干米粉松饼 / 136

酸奶核桃松饼 / 118　　　　蘑菇酱肉饼 / 138

奶油沙司通心粉 / 142　　蘑菇沙拉 / 164

鸡蛋肉糜卷 / 144　　烤猪肉 / 165

米饭牛排 / 146　　迷你水果杯 / 166

意式千层面 / 148　　辣烤鸡肉串 / 168

辣烤红蛤 / 150　　鱿鱼包饭 / 170

面包屑烤鲢鱼 / 152　　港式黄金卷 / 172

番茄烤肉 / 154　　烤蒜 / 175

南瓜营养饭 / 156　　爱尔兰小虾沙拉 / 176

特色烤牛肉 / 158　　土豆奶酪 / 178

明太鱼烤鸡肉 / 160　　烤虾串和炒饭 / 180

辣海鲜杂菜 / 162　　火山卷 / 182

烤箱清洗小窍门 / 184

阅读说明

预热温度及加热温度
使用烤箱前的10~15分钟，先调好温度进行预热比较好。

热分
对流功能
时间：15~20分钟
温度：220℃

放入烤箱中加热的时间
不同品牌的烤箱火力有所不同。你要了解自己家烤箱的相关属性。

油
标示为"植物油"的，可使用葡萄籽油、橄榄油等。

材料（※2人份）
水 3杯、柿子椒（大个的）2个、植物油 1汤匙、比萨奶酪 适量

原料用量
标示为"适量"的，可根据个人喜好调节用量。"少许"是指用拇指和食指捏的一小撮。
1个鸡蛋大约60克，蛋清：蛋黄：蛋壳的比例为6：3：1，鸡蛋1个=60克，蛋清=36克，蛋黄=18克。

原料的计量

用手计量

蔬菜类

1把：轻抓时，手中感觉满满的。

1/2把：轻抓时，手中感觉有点儿空。

1把　　　　　1/2把

面类

1把：拇指和食指第一个指节接触，环成环轻抓时的量。

1/2把：拇指和食指第二个指节接触，环成环轻抓时的量。

1把　　　　　1/2把

肉类 & 海鲜类

1把：轻抓时，手中感觉满满的。

1/2把：轻抓时，手中感觉有点儿空。

1把　　　　　1/2把

用纸杯计量

1杯肉=200克

1杯水=170克

1杯白糖=150克

1杯面粉=100克

用勺子计量

粉状物质（面粉、白糖等）

1汤匙：满满一汤匙，中间有点儿尖。

0.5汤匙：半汤匙。

0.3汤匙：只有汤匙尖有原料。

1　　　0.5　　　0.3

液态物质（酱油、食用油等）

1汤匙：满满一汤匙。

0.5汤匙：半汤匙。

0.3汤匙：刚刚盖住汤匙底。

1　　　0.5　　　0.3

酱类（辣椒酱、大酱等）

1汤匙：满满一汤匙，中间有点儿尖。

0.5汤匙：半汤匙。

0.3汤匙：只有汤匙尖有原料。

1　　　0.5　　　0.3

蔬菜类（切碎的蒜和葱等）

1汤匙：满满一汤匙，中间有点儿尖。

0.5汤匙：半汤匙。

0.3汤匙：只有汤匙尖有原料。

1　　　0.5　　　0.3

本书中使用了手、勺子、纸杯计量法，需要准确计量的原料则用克标示。

烤箱的功能和操作方法

温度调节旋钮

烤箱温度的可调范围为60～240℃。烤箱还有发酵功能，可以更加便捷地发酵。

定时旋钮

最多可以定时120分钟，转动定时旋钮，烤箱就开始工作。旋钮转到"OFF"时，烤箱会停止工作。需要重新调整时间时，请先将旋钮转回初始点，然后再调到自己想要的时间点。

功能选择旋钮

烤箱通常有烘烤、烘焙、上下烤、热分对流、解冻、保温等功能。在烤箱工作过程中可以更改烤箱功能。

热分对流功能

该功能会使烤箱内部的热气循环，让烤箱内部更热。当你用整鸡或者牛排等肉类做菜时，或者烤制表皮酥脆的面包以及红薯、土豆等纤维组织细密的食物时，使用热分对流功能可以让热量更好地传递到食物内部。

上下烤功能

一般的烤箱都具备上下发热管同时发热的功能。该功能主要用于烤蛋糕或饼干，也可用于熔化奶酪或烤蔬菜、海鲜、较软的面包等。

烘焙功能

该功能主要用于烤蛋糕、面包、曲奇等。启用这一功能时，上层发热管的火力要比下层发热管的火力弱，所以食物的表面不会煳。

烘烤功能

启用这一功能时，上层发热管的火力比下层发热管的火力强。所以，如果想做出色泽诱人的食物，就可以使用这一功能。烤制海鲜、汉堡包、火腿、肉串时，如果一开始就启用烘烤功能，很可能烤煳，所以可以先用热分对流功能将食材烤熟，再用烘烤功能烘烤片刻，这样可以让成品更好看。

解冻功能

该功能利用自然风，让冷冻原料解冻。启用这一功能时，烤箱用60℃左右的暖风让食材解冻，发热管此时不发热。用烤箱解冻的食材不会变得干瘪，解冻后也很新鲜。不过，需要使用冷冻食材时，最好是提前一天将其放入冰箱的冷藏室或是放在室温环境下，让其自然解冻。

保温功能

开启此功能时，只有上层发热管会发热。想要保温或重新加热已做好的食物时，可以使用这个功能。

烤箱温度和烤箱容器

烤箱温度

一般而言，烤箱美食都是在160~240℃的温度下完成的。一定要掌握关于温度的基本常识，这样在真正做烤箱美食时，就不会觉得心里没底了。

高温（210~240℃）：主要用于烤制肉类，温度太高时，有时需要覆上锡纸。

中高温（180~210℃）：最常用的温度，主要用于烤制海鲜、普通食材，制作面包或曲奇等。

中温（170~180℃）：主要用于烤制蛋糕、磅蛋糕、饼干、松饼等。

中低温（160~170℃）：主要用于烤制奶酪蛋糕、长崎蛋糕等只需烤30~40分钟的食物。

低温（150~160℃）：主要用于烤制大理石乳酪蛋糕、大的长崎蛋糕、水果蛋糕等需要烤40分钟以上的食物。

烤箱容器

可使用的容器
耐热玻璃容器、耐热陶瓷容器、瓷器、金属容器、珐琅容器、白铜容器、铝制容器、派热克斯玻璃容器、不锈钢容器、铁制容器、锡纸等。

不可使用的容器
塑料碗、纸碗等。

*有很多花纹的碗可能掉漆，所以要小心使用。另外，一定要仔细看清楚容器的把手是不是用耐热材料制成的。

烤箱的使用注意事项和清洁方法

购买烤箱后初次使用时

1. 查看烤箱和配件

初次使用烤箱时，要先查看烤箱和烤箱中的配件是否完好，然后再确认烤箱能否正常工作。

2. 烤箱的放置

烤箱要放在孩子接触不到的地方，要保持水平，而且要放在水溅不到、没有湿气的地方。烤箱的侧面和上面不应紧贴墙壁，最好距离墙壁15厘米以上。另外，不要将烤箱置于电子产品的旁边。

3. 查看烤箱内部

烤箱工作过程中，烤箱上绝对不能放东西。预热时也要注意烤箱内有没有非耐热性物品。

4. 让烤箱空转

放置好烤箱之后，为了去除烤箱内的味道和灰尘，我们需要让烤箱空转，对烤箱消毒。请将烤箱配件——烤盘、箅子和烤网都放入烤箱，将烤箱温度调至240℃，启用烘烤功能，烤15～20分钟。这时可能有少许异味，但不代表烤箱有异常，所以请安心使用。有的烤箱需要重复空转2～3次。

使用烤箱的注意事项

1. 使用前先查看烤箱内部

在预热烤箱之前，一定要确认烤箱内没有任何异物。有时，孩子们会将玩具等物品放入烤箱，一定要养成在使用烤箱前查看其内部的习惯。

2. 使用后切断电源

切断电源前，要先将旋钮转到"OFF"；不使用烤箱时，一定要拔掉插头。

3. 烤箱工作过程中要禁止孩子接近烤箱

烤箱工作过程中，烤箱箱体非常烫。所以，一定要将烤箱放在孩子不能触及的地方，并要经常提醒孩子不能在烤箱工作时碰触它。

4. 使用隔热手套或手柄夹

烤箱美食做好后，一定要先戴上隔热手套，再拿出烤盘，或者使用手柄夹。

5. 要待烤箱变凉后才能触摸

用完烤箱之后，一定要待其完全变凉之后再碰触它。

6. 不要用锡纸裹住烤网

有的主妇为了便于清洁，就用锡纸裹住烤网等配件，这弄不好会让其过热。

使用烤箱后的清洁方法

7．不要用金属清洁球清洗烤箱内部

这种做法有可能导致掉漆；另外，从金属清洁球上掉落的碎片与零件相触，可能发生危险。

8．小心使用"stay on"功能

定时旋钮有 "stay on"一挡，在发酵等需要烤箱长时间工作的情况下，可以调至该挡。如果在使用其他功能时，定时旋钮一直处于该挡，就可能出现过度加热的情况。因此，一定要养成随时确认的习惯

真是非常有用的知识啊！

1．一定要及时清洁

清洁烤箱的最佳时间是烤箱还留有余热的时候。首先，将洗好的抹布拧干，擦烤箱内壁和烤箱外部，然后倒出掉在烤盘中的食物渣。顽渍可用小苏打溶液擦拭，效果非常好。

2．清洁烤盘时的注意事项

即使烤盘非常脏，也不能用金属清洁球清洗。如果烤盘的漆层被蹭掉，烤盘就很难发挥原先的作用了。烤盘上有食物煳渣时，可以先将烤盘放入水中浸泡，然后再清洗。清洗好的烤盘要完全晾干再收起来，这样才能用得更长久。你可以在烤箱中还留有余热时，将清洗好的烤盘放入，等它完全干了之后再取出。

3．如果使用后有异味

将咖啡豆渣滓或柠檬片放入烤箱，放置一晚或使用烤箱的热分对流功能，空转15分钟左右，异味就会一扫而光。

初学者经常遇到的问题

Q:算子、烤网、烤盘的用途是什么？应该如何使用？

A:**算子**：把尺寸小于烤盘的算子放入烤盘，然后再在上面放肉等，就能防止油滴在烤箱内壁上。如需长时间烤制，就向烤盘中倒水，再将算子放入烤盘，这样可以产生蒸汽。

烤网：烤箱两侧的内壁上有好几个用于卡住烤网的槽，分好几层，我们可以根据食物调整烤网的位置。如果不想改变烤网的位置，只想在同一层调整高度时，可以将烤网翻过来。分两层烤食物时，上层的烤网可以凸面向上，下层的烤网可以凸面向下，这样两层烤网中间的空间就更大了。

烤盘：烤盘可用于烤制曲奇、圆面包、面饼、猪排等。烤盘上有漆层，所以既可以直接使用，也可以铺上锡纸使用。下层的发热管温度较高时，可以将两个烤盘叠在一起使用，这样可以防止食物被烤煳。

Q:烤面包时，表面总是会煳，怎么办？

A:烤较高的面包时，要在面包表面开始变色后覆上锡纸。烤曲奇或者较低的面包时，要将烤盘放在烤箱下层，并覆上锡纸。

Q:烤曲奇时，下表面会煳，怎么办？

A:可以在下面多加一个烤盘，或是将烤盘移到上层，又或是调为烘烤功能，再让烤箱工作几分钟。

Q:应该怎样使用发酵功能？

A:**发酵面包**：将揉好的面团放入烤盘，将温度调为100℃，让烤箱工作1~2分钟。待烤箱内变热之后，启用发酵功能，将定时旋钮转到35~50分钟，让揉好的面团发酵。你可以在面团表面盖上保鲜膜，防止面团变干。如果向烤箱中洒一点儿水，发酵会更加容易。

制作酸奶：按照1∶4的比例将乳酸菌饮料和牛奶混合起来。充分搅匀之后，将混合物放入烤箱，启用发酵功能，发酵3小时。然后，将烤箱的温度调节旋钮转至60~70℃，再发酵4小时以上。酸奶发酵时的温度要比面团发酵时高一些，这是由酸奶的特性决定的。做好的酸奶要放入冰箱保存。待其变凉后，就成了原味酸奶。

注意：乳酸菌如果与不锈钢容器接触，就不能制出酸奶了，所以不要使用不锈钢容器，而应使用陶瓷容器、耐热玻璃容器。

Q:烤曲奇或面包时,究竟该把烤盘放在哪一层?

A:烤较高的面包时,要多用一个烤盘,在下层烤。而烤曲奇等较低的甜点时,则应该在中层烤。

Q:为什么明明是按照食谱做的,但还是烤糊了?

A:要按照食谱做,但也不能完全照做,而要根据食材的大小、用量,调整温度和时间。另外,大家使用的烤箱都是不同的,因此要根据自己家烤箱的特性,微调温度或时间等。

Q:烤鸡的表面已经糊了,但里面还没有熟,怎么办?

A:像烤鸡这样体积较大的食材,应该先用锡纸包起来烤一遍,之后剥下锡纸再烤一遍。这样烤出的烤鸡色泽更鲜艳,让人一看就口水直流。

Q:为了让烤鸡不油腻,才选择用烤箱烹饪的,可为什么还是要涂上油呢?

A:用烤箱做出来的烤鸡去除了多余的油分,所以更健康。在烤鸡表面涂抹油,

是为了让色泽更诱人。不光是烤鸡,其他食物若是表面涂上油,烤好之后也会更诱人。烤制过程中,多余的油会滴入烤盘,所以不用担心。

Q:烤制曲奇时,有一排曲奇全糊了,怎么能避免这种情况呢?

A:首先,曲奇的大小要均匀,这样烤熟所需的时间才会一致。其次,靠近发热管的曲奇熟得快,所以最好在中途的时候将烤盘取出,换个方向放。

Q:想一次多做些曲奇,于是分成两层烤,可烤好之后,上层曲奇和下层曲奇的颜色不一样,为什么?

A:因为发热管在烤箱的上下部,所以上层曲奇的上表面以及下层曲奇的下表面熟得更快。所以,在曲奇开始变色后,要将上下两个烤盘的位置换一下。

只要放入烤箱就OK
基本烤箱美食

　　一提起"烤箱美食"，很多人都直摇头，觉得太难了，不敢尝试。事实并非如此，有很多烤箱美食都是只要准备好原料，然把原料放入烤箱就能制成的。本章将为大家介绍一些色香味美的基本烤箱美食。

回忆的味道
烤红薯&烤土豆&烤鸡蛋

到了冬天，最让人怀念的就是热气腾腾的烤红薯了。
只要有烤箱，烤红薯和烤土豆就是再简单不过的美食了。

**热分
对流功能**

时间：35～50分钟

温度：240℃

材料（＊装满一个烤盘的量）：

红薯（中等大小）5～6个、土豆（中等大小）1～2个、鸡蛋1～2个

制作步骤：

① 红薯和土豆洗净，不削皮，直接放入烤盘；鸡蛋放入烤箱前，先包一层锡纸。

② 烤盘放入预热为240℃的烤箱。

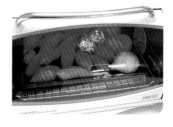

③ 烤35～50分钟。

Tips 美味提醒

1.如果鸡蛋太凉，放入烤箱后就可能炸开，所以先将其置于常温下，一段时间之后再放入烤箱。

2.根据红薯的量和体积，适当调整烤制时间。

利用烤箱的干燥功能

烤箱可以烤坚果类食物，也可以烘干水果或蔬菜。

圣女果

在低温状态下，长时间地烘烤食材，食材内的水分就会蒸发，因此我们可以用烤箱制作脱水食品。除了圣女果之外，我们还可以烘干其他水果或蔬菜。

① 圣女果洗净，控干水分。

② 摘净圣女果的蒂，将圣女果一分为四。

③ 切好的圣女果放入烤盘。

④ 烤盘放入预热为70~80℃的烤箱，烤60~90分钟，不要烤煳。

芝麻

炒芝麻时，人们通常会将芝麻放入平底锅翻炒。其实，使用烤箱就能方便地烤芝麻。

①芝麻洗净，控干水分，放入烤盘。
②轻摇烤盘，让其铺匀。
③烤盘放入预热为200℃的烤箱，烤10分钟左右。

坚果

将坚果放入烤箱中烤，可去除坚果原有的土腥味，让它吃起来更香。

①坚果洗净，控干水分，放入烤盘。
②轻摇烤盘，让其铺匀。
③烤盘放入预热为200℃的烤箱，烤10分钟左右。

可利用剩饭的
锅巴&锅巴饼

家里有剩饭时，可以做锅巴吃。
锅巴是非常有利于健康的零食。
我们还可以制作孩子们喜欢吃的锅巴饼哦。

材料（＊装满一个烤盘的量）：

锅巴：剩米饭1～2碗、香油1汤匙
锅巴饼：剩米饭1～2碗、调料（肉松、海苔、芝麻、盐等原料混在一起制成的粉状混合物）适量、香油1汤匙

**热分
对流功能**

时间：15～20分钟
温度：220℃

锅巴制作步骤：

① 剩米饭倒入碗中，淋一些香油。

② 米饭放在烤盘上，铺匀。

③ 烤盘放入预热为220℃的烤箱，烤15～20分钟。

锅巴饼制作步骤：

① 剩米饭倒入碗中，放入香油和调料。

② 戴上一次性塑料手套，取适量米饭捏成饼状。

③ 小圆饼放入烤箱中的烤盘烤制，不要烤得太硬，烤到表面焦黄即可。

Tips 更加方便地使用烤箱的方法

烤肉纸

油纸

巧用烤肉纸和油纸
做烤箱美食时最不可缺少的就是烤肉纸和油纸。一般的超市里都有一次性烤肉纸，可以买来试一试。如果经常做烤箱美食，就可以买半永久性的油纸，这种纸清洗之后可多次使用，因此更省钱。

简单又好吃的
墨西哥面饼比萨

墨西哥面饼比萨是超级简单的烤箱美食。
如果家里没有墨西哥面饼，也可以用面包片代替。
用面包片制作的比萨也非常好吃。

材料（＊装满一个圆烤盘的量）：

墨西哥面饼1张、切片火腿3片、西蓝花1/2棵、黑橄榄3个、口蘑3个、马苏里拉奶酪碎2杯、比萨酱或意大利面酱3～4汤匙

热分对流功能

时间：10～15分钟
温度：200℃

制作步骤：

① 西蓝花放入热水中焯一下，掰成适当大小；黑橄榄切成环；口蘑切成适当大小。

② 墨西哥面饼放入烤盘，均匀地涂抹比萨酱或意大利面酱。

③ 墨西哥面饼上撒一层马苏里拉奶酪碎。

④ 切片火腿放在墨西哥面饼上，再放上西蓝花、黑橄榄和口蘑，撒上剩余的马苏里拉奶酪碎。

⑤ 烤盘放入预热为200℃的烤箱，烤10～15分钟，待比萨表面发黄即可。

Tips 美味提醒

1. 可以用面包片代替墨西哥面饼，制作面包比萨。
2. 可根据个人口味选择要放入的食材。
3. 比萨酱可以让面饼上的食材和面饼粘得更紧。

黄黄的、清淡的零食
烤米条

用什么烤米条？用平底锅？那就太老套了！
用烤箱烤米条，不用人工翻来翻去，所以更加方便。
将米条掰成一口大小，蘸上蜂蜜，别提多好吃了。

上下烤功能

时间：20～30分钟

温度：240℃

材料（*装满一个烤盘的量）：

米条7根、香油少许、蜂蜜适量

制作步骤：

①米条切成适当大小，放入烤盘，刷上香油。

②烤盘放入预热为240℃的烤箱，烤20～30分钟，烤到米条表面微黄为宜。

③烤好的米条掰成适当大小，和蜂蜜一起摆上餐桌。

Tips 美味提醒

冷冻的米条要先解冻，这样可以缩短烤制时间。

真是太简单了
薄脆饼干迷你比萨

在薄脆饼干上面放上蔬菜和奶酪，
就能做出世界上独一无二的迷你比萨。
在有点儿饿的下午，与其叫外卖，不如用薄脆饼干比萨果腹。

热分
对流功能

时间：15分钟
温度：200℃

材料（*装满一个烤盘的量）：

薄脆饼干24块、马苏里拉奶酪碎1把、洋葱1/6个、红柿子椒1/6个、青椒1/6个、玉米粒（罐装）3汤匙、剁碎的牛肉50克、盐适量、胡椒粉适量

制作步骤：

① 薄脆饼干放入烤盘，撒上马苏里拉奶酪碎。

② 牛肉中加盐和胡椒粉拌匀，将拌好的牛肉放入平底锅略炒。

③ 炒好的牛肉和蔬菜放在薄脆饼干上；烤盘放入预热为200℃的烤箱，烤15分钟左右。

> **Tips** 美味提醒
>
> 可以用火腿肠代替牛肉；洋葱、青椒、红柿子椒都要剁碎。

酥脆可口的
蒜香法棍

买了烤箱之后，我最想做的就是蒜香法棍，因为它真的是一款非常简单的烤箱美食。

上下烤功能

时间：10分钟

温度：180℃

材料（＊装满一个烤盘的量）：

法棍1/2根、黄油1.5汤匙、橄榄油3汤匙、西芹粉1.5汤匙、蒜末1.5汤匙、白糖0.5汤匙

制作步骤：

① 法棍切成片，放入烤盘。

② 黄油放入锅中加热或用微波炉加热，使其软化；黄油与其他原料混合并搅拌后，刷在面包片上。

③ 烤盘放入预热为180℃的烤箱，烤10分钟左右。

Tips 美味提醒

黄油若刷得太多，吃起来可能觉得油腻，所以黄油用量一定要适中。

可以给全家人补充营养的
香酥烤鸡

亲手制作健康又味美的香酥烤鸡，自己动手，丰衣足食！

**热分
对流功能**

时间：50～60分钟
温度：240℃→200℃

材料：

整鸡1只（800～1000克）、牛奶2杯、蒜末3汤匙、橄榄油4.5汤匙、
西芹粉1.5汤匙、水适量

制作步骤：

① 鸡内脏取出，整鸡洗净控干，用牛奶腌制30分钟；西芹粉、橄榄油和蒜末混合并拌匀，制成料汁，均匀地涂抹在整鸡上。

② 箅子放入烤盘，整鸡放在箅子上，向烤盘中倒水。

③ 用锡纸包裹整鸡；烤盘放入预热为240℃的烤箱，烤30分钟左右；剥开锡纸之后，将烤箱的温度调为200℃，再烤20～30分钟。

> **Tips** 美味提醒

用牛奶腌鸡肉，可去除腥味；向烤盘中倒水，可防止冒烟。

用健康的橄榄油烤制的
烤蔬菜

你要准备一些新鲜的应季蔬菜。
用烤箱烤蔬菜，可以减少油的用量，
所以这道菜肴不仅好吃，而且非常健康。

材料（ * 装满一个烤盘的量 ）：

南瓜1/6个、茄子1/2个、洋葱1/2个、青椒1个、蒜2头、
西蓝花1/2棵、口蘑3个、橄榄油适量

制作步骤：

① 蔬菜洗净；茄子斜切成
厚度为0.7～1厘米的片；洋
葱和青椒切成适当大小。

② 南瓜先用微波炉或燃气
灶蒸至八成熟；西蓝花放
入盐水轻焯。

③ 处理好的蔬菜放入烤
盘，淋上橄榄油。

④ 烤盘放入预热为220℃的
烤箱，烤15～25分钟。

Tips 附送料理

富含DHA的

烤秋刀鱼

材料（ * 装满一个烤盘的量 ）：

秋刀鱼3条、盐少许、葡萄籽油适量

制作步骤：

① 秋刀鱼洗净控干；在
鱼身上划几刀，然后撒
盐腌制。

② 鱼烤至焦黄就可以
了。吃之前淋柠檬汁能
去除腥味。

特殊的红薯美食
芝士焗红薯

一到秋天，我就爱吃烤红薯。

现在，我就为大家介绍一道非常特别的红薯美食。

材料（*装满一个烤盘的量）：

红薯3个、青椒1/2个、红柿子椒1/2个、培根3片、玉米粒（罐装）4.5汤匙、奶酪片1片、马苏里拉奶酪碎1把、蛋黄酱4.5汤匙、牛奶3汤匙、橄榄油适量

热分
对流功能

时间：10～15分钟
温度：200℃

制作步骤：

① 青椒、红柿子椒、奶酪片切丁，培根切条。

② 橄榄油倒入平底锅，放入青椒、红柿子椒、培根炒一会儿，然后将锅中的食材倒入盛有玉米粒的玻璃碗。

③ 红薯洗净，放入预热为210℃的烤箱，烤25～30分钟。

④ 用勺子挖出红薯瓤。

⑤ 步骤2处理好的食材和蛋黄酱、牛奶、挖出的红薯瓤混合，搅拌均匀。

⑥ 步骤5处理好的食材放入步骤4处理好的红薯里。

⑦ 食材表面放马苏里拉奶酪碎和切成丁的奶酪；红薯放入铺有烤肉纸的烤盘。

⑧ 烤盘放入预热为200℃的烤箱，烤10～15分钟，烤到奶酪发黄即可。

营养丰富又香酥的
奶酪金枪鱼通心粉

有嚼头的通心粉可谓孩子们的最爱。
我在通心粉里加入了孩子们不爱吃的蔬菜和蘑菇，
做成了一道营养丰富的零食。

🧤 **材料**（＊装满一个烤盘的量）：

金枪鱼（罐装）1罐、青椒1/2个、红柿子椒1/2个、煮熟的鸡蛋2个、洋葱1/2个、口蘑（或平菇）1把、通心粉1/2杯、切片火腿3片、玉米粒（罐装）1/2杯、蛋黄酱7.5汤匙、橄榄油适量、盐1汤匙、胡椒粉少许、比萨奶酪碎1杯

**热分
对流功能**

时间：10～15分钟
温度：200℃

🧤 **制作步骤：**

① 通心粉放入盐水煮9～10分钟。

② 切片火腿切成条，煮熟的鸡蛋切成适当大小，与金枪鱼、玉米粒和通心粉放在一起。

③ 青椒、红柿子椒、洋葱、口蘑切成同等大小，放入平底锅，倒入橄榄油翻炒。

④ 步骤2和3处理好的食材、1/3杯比萨奶酪碎混合在一起，再放入蛋黄酱和少许盐、胡椒粉，充分搅拌。

⑤ 步骤4处理好的食材放入小的锡纸容器，锡纸容器放入烤盘。

⑥ 剩下的比萨奶酪碎撒在食材表面；烤盘放入预热为200℃的烤箱，烤10～15分钟即可。

Tips 美味提醒

金枪鱼要沥干油分。

南瓜饼&肉饼

小时候，每逢过节或值得庆祝的日子，家里就飘满了烙饼的香味。
现在有了烤箱，烤饼也成了一种享受。

材料（＊装满一个烤盘的量）：

肉饼：猪肉馅200克、豆腐1/3块、小葱2根、胡萝卜1/4根、青椒3个、面粉1杯、鸡蛋1个、植物油适量

肉饼调味料：清酒1.5汤匙、鸡蛋1/2个、蒜末1.5汤匙、香油1.5汤匙、盐少许、胡椒粉少许、芝麻盐少许

南瓜饼：嫩南瓜2/3个、盐少许、鸡蛋1个、面粉4.5汤匙、红辣椒1个、植物油适量

热分
对流功能

时间：10～20分钟
温度：200℃

肉饼制作步骤：

① 青椒、胡萝卜、小葱、豆腐切碎，放入盆中，猪肉馅也放入盆中。

② 放入所有的肉饼调味料，不断搅拌，制好肉饼原料。

③ 取适量肉饼原料制作肉饼；肉饼裹上面糊（面粉和鸡蛋混合而成），放入刷有植物油的烤盘。

南瓜饼制作步骤：

① 南瓜洗净切片，撒少许盐，裹上面糊。

② 南瓜放入刷有植物油的烤盘；用切好的红辣椒点缀。

③ 烤盘放入预热为200℃的烤箱，仔细观察肉饼和南瓜，烤熟即可。

Tips 美味提醒

1. 烤肉饼和南瓜饼时，中途翻一翻，可使颜色更均匀。
2. 肉饼的直径应在4厘米左右。
3. 若肉饼原料太少，就适当地加一些面粉。

滑嫩又营养丰富的
蔬菜鸡蛋羹

大家都是怎么做鸡蛋羹的呢?
是用蒸锅蒸吗?
如果用烤箱做,很轻松就能搞定。

材料（＊装满一个烤盘的量）：

鸡蛋3个、牛奶1杯、盐0.3汤匙、胡椒粉少许、料酒1.5汤匙、胡萝卜1/4根、小葱2根、豆腐1/5块、火腿肠少许

热分对流功能

时间：20～25分钟

温度：200℃

制作步骤：

① 鸡蛋打入玻璃盆中，放入牛奶、料酒、盐、胡椒粉，搅打均匀。

② 胡萝卜、小葱、豆腐、火腿肠切成小丁。

③ 步骤2处理好的原料放入鸡蛋液，搅拌均匀。

④ 搅拌好的鸡蛋液倒入烤箱容器，大约装满容器的90%，容器放入烤盘。

⑤ 烤盘放入预热为200℃的烤箱烤制，烤熟即可。

喷香扑鼻的
烤辣味豆腐

豆腐怎么做都好吃，还非常健康。
豆腐中含丰富的蛋白质，孩子需要多吃。
只要做得稍微咸一点儿，就是一道不错的下饭菜。

**热分
对流功能**

时间：20～25分钟

温度：240℃

 材料：

原料：豆腐1块

调味料：酱油4.5汤匙、料酒1.5汤匙、辣椒粉1.5汤匙、芝麻盐
1.5汤匙、蒜末0.7汤匙、香油0.5汤匙、植物油适量

制作步骤：

①豆腐切成1～1.5厘米厚的片。

②烤盘上刷上适量植物油，豆腐放入烤盘；烤盘放入预热为240℃的烤箱，烤10～15分钟。

③将调味料原料混合并充分搅匀，抹在烤黄的豆腐上，然后再将豆腐放入烤箱，烤10分钟左右。

清香的鲅鱼料理
香蒜黄油鲅鱼

鲅鱼的腥味淡，肉质鲜嫩，
只放少许盐烤着吃就很香了。
不过，我今天打算改变传统的做法，
做一道特别的烤鲅鱼。

**热分
对流功能**

时间：15～20分钟
温度：240℃

材料：

鲅鱼2块、黄油3汤匙、蒜末1.5汤匙、西芹粉0.5汤匙、盐适量

制作步骤：

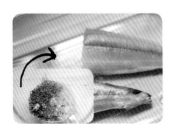

①清洗好鲅鱼之后，撒盐腌制；向软化的黄油中加蒜末和西芹粉，配成腌料。

②在鲅鱼表面均匀地涂抹配好的腌料，腌制10分钟左右。

③鲅鱼放入铺有烤肉纸的烤盘；烤盘放入预热为240℃的烤箱，烤15～20分钟。

非常下饭的
烤鲅鱼

大家喜欢吃鲅鱼吗？
我非常喜欢吃营养丰富的海鲜，最喜欢的就是鲅鱼。
再配上酸酸甜甜的调料，真是好吃极了。

上下烤功能
时间：15分钟
温度：200℃

材料：

原料：鲅鱼1条
调味酱：辣椒酱1汤匙、酱油1汤匙、白糖0.5汤匙、料酒1汤匙、辣椒粉1汤匙、蒜末0.5汤匙、葱末0.5汤匙、芝麻盐少许、香油少许

制作步骤：

① 鲅鱼横切开，清洗好后放置一旁；将调味酱原料混合并搅拌，制成调味酱。

② 鱼肉上均匀地涂调味酱，将鱼放入铺有烤肉纸的烤盘。

③ 烤盘放入预热为200℃的烤箱，烤15分钟。

> **Tips 美味提醒**
>
> 一定要把鱼放在烤肉纸上，这样烤完之后，将烤肉纸扔掉就可以了。

又香又没有腥味的
咖喱烤刀鱼

咖喱特有的香味能让人胃口大开。
咖喱还可以去除刀鱼的腥味，
让烤刀鱼变得更好吃。

材料：

刀鱼1条、淀粉6汤匙、咖喱粉1.5汤匙、胡椒粉少许、橄榄油适量

制作步骤：

① 淀粉、咖喱粉、胡椒粉放入碗中，搅拌均匀，制成调料粉；洗好的刀鱼放入碗中，裹上调料粉。

② 抖掉刀鱼表面多余的调料粉后，将其放入铺有烤肉纸的烤盘。

③ 在刀鱼上淋少许橄榄油；烤盘放入预热为240℃的烤箱，烤10～15分钟。

> **Tips 美味提醒**
>
> 刀鱼要事先清洗好。烤制时，使用烤肉纸更加方便。

想消除压力时可以尝试的
奶酪火鸡

吃辣的食物可以让压力顿时烟消云散。
今天就尝试做辣辣的奶酪火鸡吧！

💬 **材料**（＊装满一个烤盘的量）：

原料：剔骨的鸡腿肉500克、年糕1把、花生碎少许、比萨奶酪碎适量
腌料：料酒1汤匙、盐少许、胡椒粉少许
调味料：辣椒酱1.5汤匙、辣椒粉4.5汤匙、酱油4.5汤匙、蜂蜜3汤匙、料酒3汤匙、香油1.5汤匙、芝麻盐0.5汤匙、蒜4瓣、洋葱1/2个、小辣椒3个、苹果1/2个

**热分
对流功能**

时间：20～30分钟
温度：240℃→200℃

💬 **制作步骤：**

① 鸡腿肉切成适当大小，放入所有腌料，搅拌均匀，腌制30分钟。

② 腌好的鸡腿肉放入预热为200℃的烤箱，烤10分钟。

③ 鸡腿肉放入盘中，加入所有调味料，搅拌均匀，静置30分钟。

④ 年糕放入热水轻焯。

⑤ 年糕、鸡腿肉、一半比萨奶酪碎放入铺有锡纸的烤盘；烤盘放入预热为240℃的烤箱，烤10～15分钟。

⑥ 取出烤盘，将剩余的比萨奶酪碎撒在鸡腿肉上；烤盘放入预热为200℃的烤箱中，再烤10～15分钟。

Tips 美味提醒

吃之前，将花生碎撒在烤好的鸡腿肉上。

越吃越上瘾的
辣炒肉

在人们的传统观念中，辣炒肉是生菜包饭的绝佳伴侣。
我做辣炒肉时加了金针菇和蜂蜜，所以我做的辣炒肉味道更加特别，
不仅可以当下饭菜，还可以当下酒菜。

材料（＊装满一个烤盘的量）：

原料：猪肉（猪颈肉）450克、洋葱1/2个、金针菇1袋
腌料：辣椒酱4.5汤匙、清酒3汤匙、酱油1.5汤匙、辣椒粉1.5汤匙、芝麻盐1.5汤匙、香油1.5汤匙、胡椒粉少许、蜂蜜0.5汤匙、葱花3汤匙、蒜末1.5汤匙、生姜末0.7汤匙

**热分
对流功能**

时间：20～30分钟
温度：240℃

制作步骤：

①猪肉切成适当大小。

②洋葱放入盛有猪肉的碗中，放入所有腌料。

③搅拌均匀，腌制猪肉。

④猪肉均匀地铺在烤盘上，并放上金针菇。

⑤烤盘放入预热为240℃的烤箱，烤20～30分钟。

烤蘑菇牛肉

有嚼头的蘑菇和牛肉可谓天生绝配。
在用烤肉酱腌好的牛肉上面放上各种蘑菇，
不喜欢蘑菇的孩子们也非常爱吃这道美食哦。

材料（＊装满一个烤盘的量）：

原料：牛肉450克、金针菇1袋、平菇1把、洋葱1/2个、大葱1/3根

腌料：酱油7.5汤匙、清酒3汤匙、白糖1.5汤匙、蒜末1.5汤匙、香油1.5汤匙、芝麻盐1.5汤匙、胡椒粉少许

热分对流功能

时间：25～30分钟

温度：240℃

制作步骤：

①洋葱和大葱切好，平菇用手掰成适当大小。

②碗中放牛肉、洋葱、大葱，放入全部腌料。

③用手抓匀，腌制30分钟。

④腌好的牛肉放入烤盘，平菇和金针菇码放在牛肉上。

⑤烤盘放入预热为240℃的烤箱，烤25～30分钟。

全家人一起享用的
烤猪排

猪排要用烤箱烤，才更入味。
就算你是初学做菜，只要家里有烤箱，
就能做好烤猪排。

材料（＊装满两个烤盘的量）：

原料：猪肋排800克、洋葱1个、盐少许、胡椒粉少许、橄榄油适量

煮肉调料：烧酒（或清酒）1/2杯、大葱1根、蒜5瓣、胡椒10粒

烤肉酱：洋葱1/2个、蒜5～6瓣、小辣椒3～4个、烤肉酱8～10汤匙、番茄酱3汤匙、蜂蜜1.5汤匙、辣椒粉1.5汤匙

**热分
对流功能**

时间：20～30分钟

温度：200～220℃

制作步骤：

① 猪肋排切成适当大小，放入凉水浸泡，去血水。

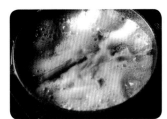

② 锅中加水，放入煮肉调料和猪肋排，煮3～5分钟。

③ 盐和胡椒粉撒在煮好的猪肋排上。

④ 烤肉调料放入搅拌机搅拌，制成烤肉酱。

⑤ 烤肉酱倒入盛有猪肋排的容器中，腌制30～60分钟。

⑥ 腌好的猪肋排、切好的洋葱放入烤盘，倒少许橄榄油；烤盘放入预热为200～220℃的烤箱，烤20～30分钟。

Tips 美味提醒

1. 要选择新鲜的猪肋排，也可以用猪脊骨代替猪肋排，做法相同。

2. 如果骨头多，就一定要泡出血水；如果骨头不是很多，则无需浸泡太久，只需泡15～30分钟就足够了。

3. 煮肉时，煮到猪肋排的表面发白、肉质软嫩。

4. 要根据猪肋排的量、原料、烤箱温度来调整烤制时间。

不是普通的炒鱿鱼，而是
辣烤鱿鱼

炒鱿鱼是我们平常爱吃的下饭菜。
今天，我尝试着在鱿鱼中加入奶酪，还放了土豆和红薯，
别提多好吃了。

材料（★装满一个烤盘的量）：

原料：鱿鱼（大）1只、土豆（小）2个、红薯2个、洋葱1/2个、
胡椒粉少许、橄榄油适量、比萨奶酪碎适量
调味酱：辣椒粉2汤匙、白糖1汤匙、酱油1汤匙、清酒0.5汤匙、
香油0.5汤匙、蒜末0.5汤匙、芝麻盐0.5汤匙

热分 对流功能

时间：10～15分钟
温度：210℃

制作步骤：

① 鱿鱼洗净切好。

② 洋葱切丝，放入盆中，
加少许胡椒粉和橄榄油。

③ 所有调味酱原料混合起
来，制成调味酱。

④ 调味酱放入盛有鱿鱼的
盆中。

⑤ 搅拌盆中的鱿鱼和洋葱，
使其入味。

⑥ 土豆和红薯煮熟，切成1
厘米厚的圆片。

⑦ 土豆片和红薯片倒入烤
盘，再倒入腌好的鱿鱼和
洋葱。

⑧ 比萨奶酪碎撒在鱿鱼和洋
葱上；烤盘放入预热为210℃
的烤箱，烤10～15分钟。

健康味美的

周末烤箱美食

　　总是到外面去吃饭，不仅费钱，还得常常担心吃得是否健康！现在，在家就能吃到健康又好吃的食物了。让家人在家中享受不亚于高级餐厅美食的美味，应该是一件特别幸福的事情吧！虽然是周末，但如果三餐都要做得很丰盛的话，也会很累。所以我特别介绍了适合周末早晨的方便餐点。此外，本部分还介绍了几款适合周末外出郊游时带的便当哦！

不用炸也很酥脆的
奶酪猪肉

如果做油炸食品，用完后的油该如何处理呢？
另外，油炸食品的高热量也让我们望而却步。
这时，我们的好帮手——烤箱就派上用场了，
用烤箱烤出的美食热量低，而且味道也更好。

材料（＊装满一个烤盘的量）：

原料：猪肉（里脊肉）300克、料酒4汤匙、盐少许、胡椒粉少许、比萨奶酪碎1杯、植物油适量

炸粉：面包屑1杯、面粉1杯、牛奶3汤匙、鸡蛋1个、西芹粉少许

热分对流功能

时间：20分钟
温度：190℃

制作步骤：

①猪肉切成0.5厘米厚的片，放入盐、料酒和胡椒粉，腌制1小时左右。

②在紫菜包饭的卷帘上铺保鲜膜，再放上猪肉，撒上比萨奶酪碎，将卷帘卷起。

③鸡蛋打入容器中，加入西芹粉、牛奶搅打。

④卷好的猪肉卷表面裹上面粉。

⑤裹有面粉的猪肉卷放入鸡蛋液中，让其粘满蛋液。

⑥猪肉卷表面粘满面包屑，这样炸粉就裹好了。

⑦猪肉卷放入烤盘，淋上植物油。

⑧烤盘放入预热为190℃的烤箱，烤20分钟左右。

Tips 美味提醒

1.可多淋一点儿植物油。用烤箱烤时用的油比炸猪排时要少得多，但做好的猪排更酥脆。

2.可根据肉的厚度和烤箱型号，适当调整时间。

经常在餐厅吃的
烤肋排

去餐厅时必点的烤肋排，在家里也能做。
这是一道值得在全家人聚餐时做的下饭菜，
朋友相聚时也可充当下酒菜。

材料（＊装满一个烤盘的量）：

原料：猪肋排500克、大葱（葱白部分）2根、蒜5瓣、洋葱（小）1/2个、香叶2片、胡椒10粒

调味酱：烤肉酱（超市有售）7汤匙、番茄酱4汤匙、辣椒油3汤匙、低聚糖2汤匙、蒜5瓣、洋葱（小）1/4个、胡椒粉少许

热分
对流功能

时间：25分钟

温度：230℃

制作步骤：

① 猪肋排放入凉水浸泡2小时，去血水，中途要换一次水。

② 铝锅中加水，直至浸没肋排，放入大葱、蒜、洋葱、香叶、胡椒，大火煮。

③ 所有调味酱原料都放入搅拌机搅拌，制成调味酱。

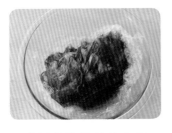

④ 煮好的肋排放凉之后，倒入一部分调味酱，搅拌均匀，覆上保鲜膜腌制6～12小时，以便彻底入味。

⑤ 烤盘中放烤网，然后放肋排；烤盘放入预热为230℃的烤箱，烤15分钟左右。

⑥ 15分钟之后，将肋排翻过来，刷上调味酱，再烤10分钟。

Tips 美味提醒

做烤箱美食时，食物的上表面总是会煳。

当上表面的颜色开始变化时，覆上一层锡纸；或者降低烤盘的高度，同时覆上锡纸。

散发着红酒的气味
和香草的香气的
红酒烤肉

红酒、香草和猪肉在一起，会是什么味道呢？
猪肉竟会不可思议地软嫩。
每天都想吃，这可怎么办才好？

材料（＊2人份）：

原料：猪肉（1.5厘米厚的猪颈肉）2块、青椒1/2个、红柿子椒1/2个、黄柿子椒1/2个、洋葱1/3个、植物油适量、盐少许

腌料：红酒2/3杯、干香草1汤匙、盐0.3汤匙、胡椒粉少许

上下烤功能

时间：15～17分钟

温度：200℃

制作步骤：

① 红酒、干香草、盐、胡椒粉放入盛有猪肉的碗中，腌制1小时左右。

② 猪肉放入烤盘，烤盘放入预热为200℃的烤箱，烤15～17分钟。

③ 植物油倒入平底锅，放入切成适当大小的青椒、柿子椒和洋葱翻炒。

④ 蔬菜炒熟之后，放入烤好的猪肉，继续翻炒，最后加盐调味即可。

Tips 附送烤箱美食

里科塔奶酪

做意大利面或沙拉时，经常会用到奶酪。如果家里有很多鲜奶油，就可以尝试自制奶酪。

材料（＊做400克）：

牛奶800毫升、鲜奶油400毫升、盐0.7汤勺、柠檬汁6汤匙

制作步骤：

① 牛奶和鲜奶油放入锅中，中火煮。

② 靠近锅壁的牛奶开始冒泡时，将火调小，加入盐和柠檬汁，搅拌1～2次。

③ 火调到最小，煮40～50分钟，倒在可沥水的布上。

④ 沥干水分，将布裹好并用橡皮筋扎紧，放入冰箱冷藏。

软滑可口的
焗南瓜

焗菜是在蔬菜上撒上奶酪之后，用烤箱做成的。
用红薯或土豆等代替南瓜也非常好吃。
这道美食，不管是大人还是小孩，都非常喜欢，可谓老少皆宜。

材料（＊2人份）：

南瓜250克、白糖1.5汤匙、黄油2汤匙、盐少许、鲜奶油3汤匙、玉米粒（罐装）5汤匙、西蓝花适量、圣女果适量、比萨奶酪碎少许

热分对流功能

时间：5～8分钟

温度：200℃

制作步骤：

① 南瓜放入蒸笼蒸熟、去皮，趁其温热时捣成泥，放入黄油、白糖、盐，搅拌均匀。

② 放入鲜奶油，搅拌均匀。

③ 放入玉米粒，搅拌均匀。

④ 沸水中加少量盐，放入西蓝花焯一下。

⑤ 烤箱容器中装入拌好的南瓜泥，并放入西蓝花、圣女果。

⑥ 撒上比萨奶酪碎；烤箱容器放入预热为200℃的烤箱，烤5～8分钟。

椰子虾的绝配
椰子虾

这道椰子虾是家庭聚会时的人气菜。
想吃又香又脆的食物时，可以在家里做椰子虾。
吃的时候，可以搭配蜂蜜芥末酱，更好吃。

材料（＊2人份）：

虾（中等大小）15只、料酒少许、盐少许、胡椒粉少许、椰子粉1杯、鸡蛋1个、面粉1杯、植物油适量

上下烤
功能→烘烤功能

时间：13～15分钟

温度：200℃

制作步骤：

① 虾收拾好，加料酒、盐、胡椒粉，腌制20分钟左右。

② 面粉和虾都放入塑料袋，轻轻摇晃，让面粉均匀地裹在虾上。

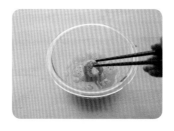

③ 虾放入打好的鸡蛋液中。

④ 虾放入椰子粉中，用手按压，使椰子粉均匀地裹在虾上。

⑤ 虾放入烤盘，淋上植物油；烤盘放入预热为200℃的烤箱，烤10分钟；调至烘烤功能，再烤3～5分钟。

● **Tips** 美味提醒

可以用3汤匙柑橘果酱和1汤匙柠檬汁制作调味酱，用来代替蜂蜜芥末酱。

一点儿都不油腻的
香草烤鸡

蒜、黄油和香草的香气去除了鸡肉的腥味。
而且，因为是用烤箱烤的，所以鸡肉一点儿都不油腻。
一看就流口水了吧！

材料：

原料：整鸡1只（约650克）、黄油3汤匙、蒜末1汤匙、盐1/3汤匙、料酒4汤匙、胡椒粉少许、干香草少许

柚子汁：柚子果肉3汤匙、水1/2杯、醋1汤匙、盐少许、水淀粉（淀粉：水=1：3）

热分对流功能

时间：35分钟

温度：220℃

制作步骤：

① 整鸡洗净切好，均匀地撒上盐、料酒、干香草和胡椒粉。

② 黄油放入碗中，让其在室温下自然软化，待其变软后加入蒜末，制成香蒜黄油。

③ 香蒜黄油放入盛有鸡肉的碗中，腌制2小时左右。

④ 烤盘中放烤网，鸡肉放在烤网上，盖上锡纸；烤盘放入预热为220℃的烤箱，烤20分钟；拿掉锡纸之后，再烤15分钟。

Tips 美味提醒

制作柚子汁

① 将柚子果肉放入锅中，并加入水、醋、盐，煮一会儿。

② 倒入水淀粉，用小火煮，待与锅壁接触的部分冒泡时关火。

Tips 美味提醒

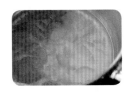

1.烤鸡要蘸着柚子汁吃，别提多好吃了。

2.香草包括很多种，如薄荷、迷迭香等，可根据个人喜好选择。

可口的
肉圆意大利面

意大利面中最典型的代表就是番茄酱意大利面。
番茄酱意大利面里放上肉圆，真是怎么吃都吃不够。

材料（*2人份）：

原料：意大利面120克、水10杯、粗盐1汤匙、橄榄油1汤匙、比萨奶酪碎1杯

肉圆：牛肉馅200克、洋葱碎1/3杯、面包屑1/3杯、盐1/4汤匙、胡椒粉少许、植物油适量

番茄酱：番茄（罐装）1罐、番茄酱（罐装）1/2杯、洋葱碎1/3杯、蒜末1汤匙、水1/3杯、香叶2片、植物油适量、鸡汤适量

热分对流功能

时间：20～30分钟
温度：190℃→200℃

👐 **制作步骤：**

① 牛肉馅中放洋葱碎、面包屑、盐和胡椒粉。

② 不断搅打肉馅，直至有弹性。

③ 肉馅揉成直径2.5~3厘米的肉圆，放入烤盘，淋上植物油；烤盘放入预热为190℃的烤箱，烤15~20分钟。

④ 炒锅中倒入植物油，放蒜末翻炒；炒香后，放洋葱碎，继续翻炒。

⑤ 洋葱变透明后，放入罐装番茄、罐装番茄酱、水、香叶、鸡汤煮，制作番茄酱。

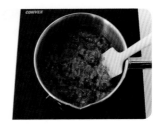

⑥ 烤好的肉圆放入制好的番茄酱中，用小火煮，同时不断翻动。

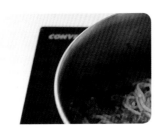

⑦ 煮好的意大利面放入煮制番茄酱的锅中，拌匀。

⑧ 肉圆意大利面放入烤箱容器，撒上比萨奶酪碎；容器放入预热为200℃的烤箱，烤5~10分钟。

● **Tips 美味提醒**

1. 煮意大利面的方法：向水中放粗盐，水沸腾后放意大利面，煮8~10分钟。将意大利面捞出后，趁面较热时，倒入橄榄油搅拌。

2. 番茄要捣碎，还要加盐调味。

3. 最后一步时，也可以只加热到比萨奶酪熔化。

一口一个的
红薯丸子

不想揉面做面食时，可以试着做红薯丸子。
在蒸熟的红薯泥里加蔬菜碎，搓圆之后，裹上面包屑，
放入烤箱烤就可以了。是不是非常简单呢?

材料（＊装满一个烤盘的量）：

蒸熟的红薯泥3杯、洋葱碎1/3杯、胡萝卜碎1/3杯、三明治火腿3片、盐少许、胡椒粉少许、面粉1杯、面包屑1杯、鸡蛋1个、植物油适量

上下烤
功能→烘烤功能

时间：25～27分钟

温度：190℃

制作步骤：

① 红薯泥中加盐和胡椒粉，并放入洋葱碎、胡萝卜碎、切好的三明治火腿丁，拌匀。

② 拌好的红薯泥揉成直径3～4厘米的红薯丸子。

③ 让红薯丸子表面裹上面粉。

④ 让红薯丸子粘上打好的鸡蛋液。

⑤ 让红薯丸子裹上面包屑，一定要裹得均匀一些。

⑥ 红薯丸子放入烤盘，淋上植物油；烤盘放入预热为190℃的烤箱，用上下烤功能烤20分钟，再用烘烤功能烤5～7分钟。

Tips 美味提醒

在红薯泥中加一些比萨奶酪碎，会更好吃，更受孩子们的欢迎。

喝红酒时的绝佳伴侣
海鲜杂烩

想喝红酒时，可以尝试做这道美食。
食材在烤制时都用烤肉纸包着，
所以口感非常软嫩。

材料（＊2人份）：

鲢鱼1块（9厘米×7厘米）、料酒少许、盐少许、胡椒粉少许、虾（中等大小）5只、蛤蜊10个、白葡萄酒1/3杯、柠檬2块、口蘑2个、橄榄少许、刺山柑少许、干香草少许、橄榄油适量

上下烤功能

时间：20～25分钟

温度：200℃

制作步骤：

①料酒、盐、胡椒粉撒在鲢鱼上，腌制鲢鱼。

②将虾处理好（去头剥皮）；蛤蜊放入盐水浸泡，去腥味。

③柠檬和口蘑切片，刺山柑和橄榄控干水分。

④烤肉纸铺在烤盘中，鲢鱼、虾、蛤蜊放在烤肉纸上。

⑤在鲢鱼等食材上放口蘑、刺山柑、橄榄、柠檬，撒少许干香草、胡椒粉、盐，倒橄榄油和白葡萄酒。

⑥用烤肉纸将食材包起来，并折成长方形；烤盘放入预热为200℃的烤箱，烤20～25分钟。

Tips 美味提醒

1.在西蓝花和圣女果上撒少许盐和胡椒粉，倒一些植物油，放入预热为190℃的烤箱中烤10分钟左右，然后将它们放在烤好的海鲜杂烩旁边，也是一个不错的选择。

2.烤肉纸的边角要朝上折，这样水才不会滴到烤盘上。

让你不再留恋西餐厅的
翡翠贻贝烤奶酪

翡翠贻贝无论是放在意大利面里吃，还是烤着吃，都非常好吃。
我们可以在翡翠贻贝上撒一些奶酪，然后放入烤箱烤。
这道菜与红酒是绝配。

材料（＊2人份）：

翡翠贻贝1包、青椒碎1/3杯、红柿子椒碎1/3杯、黄柿子椒碎1/3杯、奶酪2片、黄油3汤匙、白葡萄酒1/2杯、西芹粉1汤匙、白胡椒粉少许

上下烤功能

时间：15分钟

温度：190℃

制作步骤：

①翡翠贻贝自然解冻后，放入盐水洗净，并控干水分（贝肉朝下）。

②准备好青椒碎、红柿子椒碎和黄柿子椒碎。

③奶酪切成小块。

④用微波炉加热黄油，使其软化，再放入西芹粉和白胡椒粉，搅拌均匀。

⑤翡翠贻贝放入烤箱容器，倒上白葡萄酒，再倒上处理好的黄油。

⑥翡翠贻贝上放蔬菜碎和奶酪块；容器放入预热为190℃的烤箱，烤15分钟。

Tips 美味提醒

1.黄油的用量不同，这道菜的味道就会有所不同。放入黄油，可以使翡翠贻贝的肉更加软嫩、香气逼人，如果喜欢清淡的味道，也可以不放黄油。

2.用于调味的葡萄酒要选择干白葡萄酒，因为放入有甜味的葡萄酒，菜的味道会大不相同。

甜辣酱特有的味道
辣烤鸡翅

是时候跟平凡的烤鸡翅说再见了。

让烤好的鸡翅裹上甜辣酱，那酸酸甜甜的味道真是让人食欲大增。

材料（＊一个烤盘的量）：

原料：鸡翅15个、盐少许、料酒3汤匙、胡椒粉适量、淀粉适量
面糊：淀粉3/4杯、水1/2杯
调料汁：甜辣酱6汤匙、酱油1汤匙、低聚糖2汤匙、水1/3杯

上下烤功能

时间：20分钟

温度：220℃

制作步骤：

①料酒、盐、胡椒粉放入盛有鸡翅的碗中，腌制1小时左右。

②碗中加适量淀粉。

③用准备好的3/4杯淀粉和1/2杯水制成面糊，并让鸡翅裹上面糊。

④鸡翅放在烤盘中的烤网上；烤盘放入预热为220℃的烤箱，烤20分钟。

⑤锅中放制作调料汁的原料，加少许盐，熬煮片刻。

⑥烤好的鸡翅放入锅中，小火翻炒。

Tips 美味提醒

如果是做给孩子吃的，就可以少放一些甜辣酱。

用饺子皮制作的

迷你比萨

用随处可以买到的饺子皮做比萨。
加了水果罐头之后，这款迷你比萨的香气更加诱人。
制作时间虽短，留在记忆中的时间却很长。

材料（*3人份）：

饺子皮8个、水果罐头（罐装）1杯、口蘑5个、洋葱（小）1/2个、圣女果4个、比萨奶酪碎少许、比萨酱适量、植物油适量

热分对流功能

时间：10～15分钟

温度：190℃

制作步骤：

① 圣女果、口蘑、洋葱切成小块。

② 迷你烤盘内薄薄地刷一层植物油，再将饺子皮放入其中。

③ 饺子皮上均匀地刷比萨酱。

④ 比萨奶酪碎撒在饺子皮上，再放上水果罐头以及切好的圣女果、口蘑、洋葱。

⑤ 烤盘放入预热为190℃的烤箱，烤10～15分钟，直至奶酪熔化。

Tips 美味提醒

1.饺子皮可用玉米粉圆饼代替。

2.可以根据个人喜好放入烤肉或其他菌类。

利用甜辣酱做出独特的
烤扇贝

经常吃烤蛤蜊，是不是觉得有些腻了呢？
想换换口味时，可以尝试做烤扇贝。
白葡萄酒去除了海鲜特有的腥味，使味道更加诱人。

材料（＊2人份）：

原料：扇贝6个、粗盐少许、白葡萄酒1/2杯
调味料：洋葱碎2汤匙、青椒碎1.5汤匙、红柿子椒碎1.5汤匙、
黄柿子椒碎1.5汤匙、甜辣酱4汤匙

上下烤功能

时间：15～17分钟
温度：190℃

制作步骤：

①扇贝浸泡在盐水中，让其吐出泥沙。

②扇贝清洗干净，放入烤盘，烤盘放入预热为190℃的烤箱，烤10分钟左右。

③将青椒碎、红柿子椒碎、黄柿子椒碎混合在一起。

④步骤3处理好的原料和洋葱碎一起放入碗中，加甜辣酱，制成调味料。

⑤从烤箱中拿出烤盘，向扇贝上淋少许白葡萄酒，再放入烤箱烤5～7分钟，最后放上制好的调味料。

Tips 美味提醒

去除蛤蜊、扇贝等的杂质时，要在容器口上盖一层塑料膜，以防止其吐出的杂质溅起。

减肥料理竟然这么好吃

烤鸡肉串

用低热量的鸡胸肉做的特色烤肉串，
配上酸酸甜甜的调味酱，真是人见人爱。
这道菜不仅可以充当零食和下酒菜，还非常下饭哦！

材料（＊2人份）：

原料：鸡胸肉3块、青椒1/2个、红柿子椒1/2个、大葱3根、料酒少许、盐少许、胡椒粉少许

调味酱：甜辣酱1/3杯、番茄酱5汤匙、辣椒油2汤匙、糖稀3汤匙

上下烤功能

时间：22～25分钟

温度：190℃

制作步骤：

①鸡胸肉洗净切块，加料酒、盐、胡椒粉腌制。

②大葱、青椒、红柿子椒切好。

③用竹签将鸡胸肉、青椒、红柿子椒、大葱串好。

④调味酱原料都放入锅中熬煮，待锅中混合物的边缘冒泡时，关火并晾凉。

⑤调味酱均匀地刷在鸡肉串上，然后将肉串放入烤盘。

⑥烤盘放入预热为190℃的烤箱，烤15分钟；刷上调味酱后再烤7～10分钟。

刷有苹果酱的
烤猪肉

猪肉搭配苹果酱？听起来是不是有少许别扭？
但它们出人意料地相配，像是情侣一样。
苹果的果香正好去除了猪肉的油腻。

材料（＊2人份）：

原料：猪肉（里脊肉）300克、绿色蔬菜适量、洋葱碎6汤匙、盐少许、清酒适量

苹果酱：苹果碎2/3杯、白糖4汤匙、柠檬汁3汤匙、水3汤匙

番茄酱：烤猪排调料2汤匙、番茄酱1汤匙

烤土豆：土豆（小）1个、盐0.3汤匙、橄榄油适量、奶酪粉少许、干香草少许

热分 对流功能

时间：25～35分钟

温度：190℃

制作步骤：

①猪肉上撒洋葱碎和盐、倒上清酒，腌制20分钟左右。

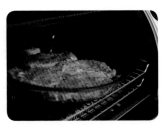

②腌好的猪肉放入预热为190℃的烤箱，烤25～35分钟。

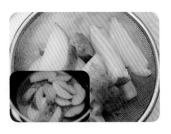

③土豆切成半月形，放入盐水中煮；快熟时，捞出放在筛网上沥水。

④土豆放入烤盘，淋上橄榄油，撒上盐、奶酪粉、干香草。

⑤苹果碎、白糖、水、柠檬汁放入锅内熬煮，制成苹果酱；按照2：1的比例，将烤猪排调料和番茄酱混合并搅拌，制成番茄酱。

⑥盘子里放绿色蔬菜，挤上苹果酱，放入烤好的猪肉，再次挤上苹果酱，最后挤上番茄酱。

Tips 美味提醒

1.根据肉的厚度，调整烤制时间。

2.烤猪肉时撒上洋葱碎，也可以起到去腥的作用。

红薯与猪排的结合
刀叉猪排

周末家人聚餐时，刀叉猪排可是一道非常受欢迎的菜。
和恋人过纪念日时，也可以试着做。
它的口感一点儿都不输于西餐厅的猪排。

材料 (*2人份) :

原料：猪肉（里脊肉）300克、盐少许、料酒适量、生姜粉少许、胡椒粉少许、植物油适量、酸奶油少许

猪排酱：番茄酱1/2杯、猪排酱2汤匙、辣酱油2汤匙、辣椒酱1汤匙、韩式辣酱0.8汤匙、苹果泥4汤匙、低聚糖3汤匙、水4汤匙

蔬菜：青椒1个、红柿子椒1个、黄柿子椒1个、洋葱1/2个、植物油适量

烤红薯：红薯2个、黄油3汤匙、蜂蜜2汤匙、肉桂粉少许

热分
对流功能

时间：30~40分钟
温度：210℃→230℃

制作步骤：

①猪肉切成1.5～2厘米厚的片，加盐、料酒、生姜粉、胡椒粉，腌1小时左右。

②制作猪排酱的原料都放入平底锅，搅拌均匀，小火熬煮5分钟。

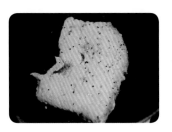

③另取一口平底锅，倒入植物油，煎猪肉。

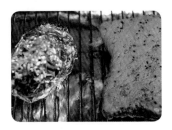

④猪肉和用锡纸包着的红薯都放入预热为210℃的烤箱，烤20分钟后取出猪肉，烤箱温度调到230℃，将红薯烤熟。

⑤蔬菜切成小块；取一口平底锅，倒植物油，先放入洋葱翻炒，再放入其余蔬菜翻炒，最后倒入制好的猪排酱，再炒1分钟左右。

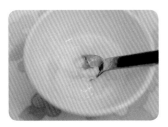

⑥室温环境下软化黄油，并放入蜂蜜，搅拌均匀。

⑦在红薯上划一刀，向刀口中倒调好的黄油，撒上肉桂粉。

⑧猪肉切成条，放入盘中，再放上炒好的蔬菜，挤上酸奶油。

Tips 美味提醒

1. 制作猪排酱时，用低聚糖和苹果泥代替了白糖，所以这道菜更健康。
2. 如果没有酸奶油，可以不放。
3. 要根据烤箱的特性、肉的厚度以及红薯的大小，调整烤制时间。

想尝试浪漫的法式餐点吗？
面包香蕉布丁

面包布丁的诱惑开始了。
因为放入了香蕉，所以布丁吃起来更软更甜。
在温暖的阳光下吃着布丁，真是既浪漫又有情调。

🧤 材料（*2人份）：

面包4片、香蕉2根、牛奶1杯、鲜奶油2/3杯、香草荚1/2根、
白糖4汤匙、盐少许、肉桂粉少许、蔓越莓少许、杏仁少许

上下烤功能
时间：15～20分钟
温度：190℃

🧤 制作步骤：

① 将面包和香蕉切成适当大小。

② 搅拌杯中放牛奶、鲜奶油、香草豆、白糖、盐、肉桂粉，搅拌均匀。

③ 面包和香蕉放入烤箱容器，再放入蔓越莓和杏仁，倒入步骤2做好的调料；放入预热为190℃的烤箱，烤15～20分钟。

不容小觑的家庭料理
汉堡包牛排

羡慕别人在法式餐厅吃牛排？
只要有烤箱，在家里也能做出好吃的牛排。
方法非常简单，完全不用担心做不好。

材料（＊做4个直径7厘米的肉饼）：

肉饼：牛肉馅150克、猪肉馅150克、洋葱碎1/2杯、胡萝卜碎1/2杯、面包屑1/2杯、酱油2汤匙、料酒3汤匙、蒜末1汤匙、胡椒粉少许、植物油适量

牛排酱：牛排酱3汤匙、辣椒油6汤匙、番茄酱3汤匙、鲜奶油6汤匙、水3汤匙

上下烤功能

时间：15～20分钟
温度：200℃

制作步骤：

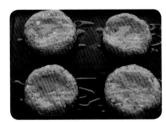

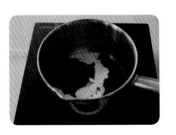

① 洋葱碎、胡萝卜碎、牛肉馅、猪肉馅混合在一起，并将其余的肉饼原料全部放入，充分搅拌。

② 将肉馅制成4个直径约7厘米的肉饼，放入烤盘，肉饼上淋少许植物油；烤盘放入预热为200℃的烤箱，烤15～20分钟。

③ 将制作牛排酱的原料混合起来，搅拌均匀，小火熬煮；晾凉后倒在烤好的肉饼上。

虽然是用剩面包做的，但很好吃
面包片沙拉

在剩面包片上涂上黄油，放入烤箱烤，就完成了一道美食。
烤好的面包片搭配蔬菜和巴马奶酪粉，就成了餐厅的人气沙拉。

材料（＊1人份）：

原料：生菜适量、圣女果适量、巴马奶酪粉适量

炸面包片：面包片2片、加盐黄油3汤匙、蒜末0.5汤匙、西芹粉0.3汤匙

沙拉酱：橄榄油3汤匙、枫糖糖浆1汤匙、葡萄醋2汤匙、西芹粉0.5汤匙、洋葱碎0.5汤匙、盐少许、胡椒粉少许

上下烤功能

时间：10分钟

温度：180℃

制作步骤：

①生菜洗净，控干水分，用手撕成适当大小。

②黄油放在室温环境下，待其软化后，加西芹粉、蒜末，搅拌均匀。

③面包片放入烤盘，表面涂步骤2做好的调料；烤盘放入预热为180℃的烤箱，烤10分钟。

④将制作沙拉酱的原料混合起来，搅拌均匀。

⑤烤好的面包片放凉，切成小块。

⑥生菜、圣女果、面包块放入沙拉盘，撒巴马奶酪粉，搅拌均匀；食用前，放入制好的沙拉酱。

● **Tips 美味提醒**

1.如果家里没有巴马奶酪粉，也可以不放。

2.如果想向沙拉中加蒜末，一定要将蒜剁得非常细，否则会影响口感。

3.烤面包时，烤7分钟之后需要翻转面包片，这样才能烤均匀。

非常清淡的
鲢鱼蔬菜沙拉

周末的上午，可以悠闲地品尝鲢鱼蔬菜沙拉。

有了烤鲢鱼与新鲜的沙拉完美搭配，你就没有必要去饭店吃饭了。

既健康又好吃，何乐而不为？

材料（*2人份）：

原料：鲢鱼2块、料酒少许、柠檬片少许、盐少许、蔬菜（生菜、圣女果）适量、洋葱（小）1/4个

调味酱：橄榄油3汤匙、蜂蜜1汤匙、柠檬汁1汤匙、洋葱碎1汤匙、黄芥末酱1汤匙、干香草0.5汤匙、盐少许、胡椒粉少许

上下烤功能
时间：15～20分钟
温度：200℃

制作步骤：

① 鲢鱼上倒料酒、撒盐，腌制10分钟左右。

② 鲢鱼放入烤盘，鲢鱼上放柠檬片；烤盘放入预热为200℃的烤箱，烤15～20分钟。

③ 生菜洗净控干，用手撕好；圣女果一分为二。

④ 洋葱切好，放入冷水浸泡，去除辛辣味。

⑤ 将制作调味酱的原料混合起来，并充分搅拌。

⑥ 鲢鱼切成适当大小，和生菜、圣女果混合，最后放入制好的调味酱。

Tips 美味提醒

调味酱不能提前放，要在吃之前再放。若是提前放，蔬菜就会变蔫，不爽口。

与新鲜橙汁搭配的

鸡胸肉沙拉

冬天过去之后，是不是又长胖了不少呢？
吃鸡胸肉沙拉，再辅以简单的运动，让你轻松变苗条。
而且，新鲜的蔬菜和橙汁还会让你更有活力。

材料（＊装满一个烤盘的量）：

原料：鸡胸肉2块、料酒4汤匙、盐少许、胡椒粉少许、植物油适量、可生吃的蔬菜适量、橙子1个

调味汁：橙子1个（或橙汁2/3杯）、淀粉1汤匙、水1汤匙、蜂蜜1.5汤匙、橄榄油1.5汤匙、醋2汤匙

热分对流功能

时间：15～20分钟

温度：190℃

👋 **制作步骤：**

① 鸡胸肉上划几刀，撒上盐、胡椒粉，倒上料酒，腌制30~60分钟。

② 平底锅中倒植物油，大火煎鸡肉，不停地翻动，直至鸡肉表面变色。

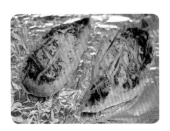

③ 锡纸铺在烤盘中，鸡胸肉放在锡纸上；烤盘放入预热为190℃的烤箱，烤15~20分钟；烤熟后，切成适当大小。

④ 其中一个橙子去皮，挤出1/2杯橙汁。

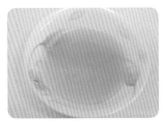

⑤ 橙汁倒入平底锅，中火煮1~2分钟，待橙汁沸腾后，放入水淀粉，使橙汁变稠。

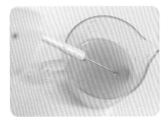

⑥ 橄榄油、蜂蜜、醋放入稠稠的橙汁中，搅拌均匀。

⑦ 另一个橙子去皮掰好，与蔬菜一起放入盘中，放入鸡胸肉，倒入调味汁。

▶ **Tips 美味提醒**

1.如果没有新鲜的橙子，可用橙汁代替。

2.调水淀粉时，水和淀粉的比例是1:1。

3.如果使用的是橙汁，而非新鲜的橙子，就要减少蜂蜜的用量。

4.鸡胸肉沙拉是非常有效的减肥料理。如果你想更清淡，那就用市面上卖的"无脂肪沙拉汁"代替橙子调味汁。

更健康、更清香的
海鲜沙拉&坚果汁

向加有白葡萄酒的海鲜沙拉中倒一点儿葡萄醋。
吃海鲜沙拉的时候可以搭配坚果汁，既补充了营养，
又没有热量负担，可谓两全其美。

材料（＊2人份）：

原料：章鱼300克、虾15只、白葡萄酒1/3杯、可生吃的蔬菜适量

调味汁：葡萄醋5汤匙、橄榄油3汤匙、蜂蜜1汤匙、黄芥末酱0.8汤匙、胡椒粉少许、盐少许

坚果汁：豆腐1块（120克）、牛奶1杯、核桃仁1/3杯、蜂蜜少许

上下烤功能

时间：10分钟

温度：190℃

制作步骤：

① 收拾干净的章鱼和虾放入烤盘，烤盘放入预热为190℃的烤箱，烤5分钟。

② 淋上白葡萄酒之后，再烤5分钟。

③ 将制作调味汁的原料混合在一起，均匀搅拌。

④ 蔬菜洗净控干，用手撕好。

⑤ 豆腐、牛奶、核桃仁、蜂蜜倒入搅拌机搅拌。

⑥ 蔬菜、章鱼和虾混合在一起，吃之前加调味汁。

Tips 美味提醒

如果不喜欢吃甜的东西，可以不放蜂蜜。

入口即化的
香草布丁

这是利用天然原料——香草豆——制作的香草布丁。
它不仅名字美，味道更美。
入口即化的感觉，真是美妙极了。

材料（＊装满5~6个小布丁瓶）：

原料：鸡蛋2个、蛋黄1个、牛奶1 1/3杯、鲜奶油1/2杯、白糖1/2杯、香草荚1根

焦糖汁：白糖2/3杯、水1/3杯

上下烤功能

时间：50分钟

温度：150℃

制作步骤：

① 制作焦糖汁的白糖和水放入锅中，一直熬到呈焦糖色。

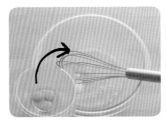

② 2个鸡蛋和1个蛋黄放入碗中，加白糖，用打蛋器搅打至白糖完全溶解。

③ 鲜奶油和牛奶混合在一起，略微加热后，放入鸡蛋液中，搅打均匀。

④ 香草籽放入鸡蛋液中，搅打均匀。

⑤ 将步骤4搅打好的液体倒入筛网，过滤杂质；将焦糖汁倒入事先消过毒的布丁瓶。

⑥ 布丁瓶的瓶口蒙上锡纸，放入烤盘，向烤盘中倒水；烤盘放入预热为150℃的烤箱，烤50分钟。

Tips 美味提醒

1.如果搅打得太用力，就会出现泡沫，所以要轻一点儿。

2.要过滤两次左右，才能做出软滑的布丁。

3.如果事先倒入的焦糖汁出现凝固的现象，就需要略微加热，让其熔化。做好的布丁要放入冰箱冷却之后再食用。

4.香草荚要用刀背剖开，只用里面的香草籽。

郊游便当

饭和培根的梦幻组合
培根米饭

烤得酥软的培根与米饭合二为一。
这么诱人的美食,怎能错过?

上下烤功能

时间:15~18分钟
温度:180℃

材料(＊2人份):

培根18片、米饭2碗、调味料(用肉松、海苔、芝麻、盐等原料
混在一起制作的粉状混合物)适量、香油2汤匙

制作步骤:

①其中8片培根切成块,放
入没放油的平底锅翻炒。

②米饭、培根块、调味料、香
油混合,搅拌均匀。

③用剩下的培根将拌好的
饭卷好,放入烤箱容器;
容器放入预热为180℃的烤
箱,烤15~18分钟。

两者兼得的
烤肉春卷&炒饭春卷

一张春饼里卷入烤肉，另一张春饼里卷入炒饭，这样就做出了两种春卷。
因为有两种味道，所以不会感到腻。

材料（*2人份）：

原料：牛肉馅200克、米饭1/2碗、洋葱碎1/2杯、胡萝卜碎1/2
杯、比萨奶酪碎适量、长方形春饼8张、盐少许、植物油适量

牛肉馅拌料：酱油2汤匙、料酒3汤匙、生姜粉0.3汤匙、香油1
汤匙、白糖0.5汤匙、胡椒粉少许

上下烤
功能→烘烤功能

时间：15分钟

温度：180℃

👋 **制作步骤：**

① 牛肉馅拌料都放入牛肉馅中，搅拌均匀后腌制。

② 炒锅内倒植物油，翻炒洋葱碎和胡萝卜碎，加盐调味。

③ 牛肉馅也放入锅中翻炒，炒至无水分。

④ 炒好的牛肉放凉，将1/3牛肉与米饭混合，剩下的牛肉中放比萨奶酪碎。

⑤ 将步骤4做好的原料放在长方形春饼上。

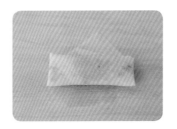

⑥ 春饼表面刷植物油。

⑦ 春饼放入预热为180℃的烤箱，烤10分钟；调至烘烤功能，再烤5分钟。

Tips 美味提醒

1. 一部分春饼上放牛肉米饭，另一部分春饼上放奶酪牛肉。

2. 也可以将春饼放入烤饼模具，然后如图所示，放入牛肉炒饭之后，用锡纸将春饼扎好，放入烤箱中烤。

3. 最后调至烘烤功能，再烤5分钟，能让春卷更焦黄。

最棒的郊游料理
鱼肉汉堡

阳光明媚的周末，可以带着鱼肉汉堡到附近的公园野餐。
只要有鱼肉汉堡和饮料，就能度过愉快的周末。

材料（*做5个）：

肉饼：鳕鱼200克、虾仁100克、蛋清1/2个、淀粉2汤匙、盐少许、
胡椒粉少许、汉堡包面包5个、蛋黄酱少许、番茄片5片、生菜适
量、小黄瓜少许、植物油适量

炸粉：鸡蛋1个、面包屑1杯、面粉1杯

鞑靼酱：蜂蜜芥末酱3汤匙、原味酸奶2汤匙、洋葱碎1汤匙、黄瓜块
2汤匙、西芹粉少许

**热分
对流功能**

时间：10~15分钟

温度：190℃

制作步骤：

①鳕鱼解冻并洗净，控干水分后，与虾仁一起放入搅拌机搅拌。

②搅好的肉糜放入碗中，加蛋清、淀粉、盐、胡椒粉，用手搅拌10分钟左右。

③根据面包的大小，制作肉饼，然后让其裹上面粉。

④让肉饼裹上打好的鸡蛋液。

⑤让肉饼粘上面包屑。

⑥肉饼放入烤盘，淋上植物油；烤盘放入预热为190℃的烤箱，烤10~15分钟。

⑦将制作鞑靼酱的原料搅拌均匀，制成鞑靼酱。

⑧汉堡包面包上涂蛋黄酱，放上番茄片、生菜、小黄瓜、肉饼，涂上鞑靼酱，再将另一半面包盖上。

Tips 美味提醒

做鱼肉汉堡的肉饼时，肉饼要做得厚一点儿，这样口感更好。

在家中享用的炸鸡汉堡
日式照烧酱炸鸡汉堡

日式照烧酱很容易买到，不过在家中自制的味道更好。
日式照烧酱炸鸡汉堡也是非常好的便当美食。

材料（＊4人份）：

原料：鸡胸肉8块、料酒3汤匙、盐少许、胡椒粉少许、汉堡包面包4个、洋葱（小）1/2个、生菜适量、圣女果4个、小黄瓜少许、蛋黄酱少许

日式照烧酱：酱油1/2杯、料酒1/4杯、白糖1/4杯、苹果1/2个、蒜2瓣、生姜粉少许、水淀粉（淀粉：水=2：2）

上下烤功能

时间：15～20分钟

温度：190℃

制作步骤：

① 收拾好鸡胸肉之后，加料酒、盐、胡椒粉，腌制20分钟左右。

② 鸡胸肉放入烤盘，烤盘放入预热为190℃的烤箱，烤15～20分钟。

③ 把除水淀粉之外的照烧酱原料放入锅中熬煮，苹果要切成适当大小。

④ 从锅中捞出苹果和蒜，然后将调好的水淀粉倒入锅中，让汤汁变黏稠。

⑤ 生菜、洋葱、圣女果、小黄瓜洗净切好；汉堡包面包切成两半，并涂上蛋黄酱。

⑥ 依次放入生菜、圣女果、小黄瓜、洋葱、鸡胸肉，涂上自制的日式照烧酱，挤上蛋黄酱。

Tips 美味提醒

在汉堡包面包上涂上蛋黄酱，可防止面包因蔬菜中的水分变潮。

三重便当套装
烤肉包饭&三明治
&法吉它

适合在万物萌生的春天去郊游时带的便当。
大人们可以吃烤肉包饭，孩子们可以吃三明治或法吉它。
一家人在户外尽情享用美食吧！

材料（＊4人份）：

烤肉：牛肉400克、酱油4.5汤匙、料酒3汤匙、白糖1.5汤匙、香油1
汤匙、蒜末1.5汤匙、葱花1.5汤匙、生姜粉适量、胡椒粉适量
三明治：烤肉、面包片4片、生菜1片、洋葱丝适量、圣女果适量、
小黄瓜适量、切达奶酪适量、烤猪排调料适量、奶油奶酪适量
法吉它：烤肉、玉米粉圆饼4张、奶油奶酪少许、洋葱丝适量、生菜
适量、萝卜苗适量、柿子椒丝适量
包饭：烤肉、米饭1碗、包饭酱适量、黄瓜适量、胡萝卜适量

上下烤功能
时间：8～10分钟
温度：200℃

🧤 **制作步骤：**

① 用厨房用纸擦干牛肉的血水；将腌制烤肉的调料全部倒入，用手抓匀。

② 烤盘中铺锡纸，放入腌好的牛肉；烤盘放入预热为200℃的烤箱，烤8～10分钟。

③ 制作三明治和法吉它所需的蔬菜洗净切好。

④ 取两片面包片，涂上奶油奶酪；一片面包片上放生菜、圣女果、小黄瓜、洋葱丝、烤肉，然后倒一些烤猪排调料和切达奶酪，将另一片面包片盖在上面。

⑤ 将一张玉米粉圆饼微微加热，然后涂上奶油奶酪，再依次放上生菜、烤肉、柿子椒丝、洋葱丝、萝卜苗。

⑥ 用包饭卷帘将步骤5的食材卷起来，并用烤肉纸包好，切成适当大小，法吉它就做好了。

在步骤5的基础上加入米饭、包饭酱、黄瓜、胡萝卜和剩下的烤肉，再用包饭卷帘卷起来，烤肉包饭就做好了。

充满母爱的

儿童零食

　　希望孩子健康茁壮地成长，应该是天下所有母亲的愿望吧。下面，我将与大家分享我为儿子俊壮精心打造的零食菜谱。我充分研究了哪些食品有利于健康，哪些有利于头脑发育，怎样做才更好吃等问题，综合考虑了色、香、味、营养之后，才制定出这些菜谱。另外，本部分中还介绍了几款大人喜欢的零食。

让孩子变聪明的
红柿子椒奶酪米条

开始吃辅食没多久时，有一天俊壮在超市发现了红柿子椒，
他简直是爱不释手。
从那时起，我就在做辅食时放红柿子椒了。
柿子椒颜色鲜艳、口感爽脆，深得孩子们的喜爱。

👋 材料（*2人份）：

原料：米条500克、红柿子椒（大）1/2个、胡萝卜1/3根、香菇（小）4个、洋葱1/2个、水3杯、比萨奶酪碎1把
调味汁：酱油2汤匙、盐1汤匙、白糖2汤匙、蒜末1汤匙、植物油1汤匙

上下烤功能

时间：10分钟

温度：240℃

👋 制作步骤：

①红柿子椒、胡萝卜、香菇、洋葱洗净切好。

②酱油、盐、白糖、蒜末、植物油混合并搅拌均匀。

③锅中加水，放入米条、胡萝卜、香菇、洋葱、制好的调味汁，大火熬煮。

④煮至汤汁有点儿黏稠时，放入红柿子椒，继续煮。

⑤汤汁快收干时，将锅中的东西倒入烤箱容器，均匀地撒上比萨奶酪碎。

⑥容器放入预热为240℃的烤箱，烤10分钟左右。

🍳 Tips美味提醒

1. 放入烤箱烤制时，烤到奶酪变软，就大功告成了。
2. 用低聚糖代替白糖，可做出更健康的美味，4汤匙低聚糖可代替2汤匙白糖。
3. 如果孩子还小，也可使用龙舌兰糖浆。
4. 做炒米条时，通常都是先煮好汤汁，但做给孩子吃的米条则要与汤汁一起煮。
这样做出来的米条更软，也更入味。

越吃越有趣的
鹌鹑蛋米条串

将圆圆的鹌鹑蛋和有嚼头的米条串在一起，是不是很有趣呢？
可能是因为外形很吸引人吧，这道美食深得孩子们的喜爱。
家长可以和孩子互动，一起做这道菜。

材料（*2人份）：

原料：米条300克、鹌鹑蛋20个、核桃仁1把
调味酱：辣椒酱1汤匙、番茄酱2/3杯、低聚糖4.5汤匙、酱油
0.5汤匙

上下烤功能

时间：20分钟
温度：180℃

制作步骤：

① 米条切成适当大小。

② 鹌鹑蛋煮好剥皮。

③ 将调味酱原料混合起来，搅拌均匀，制作调味酱。

④ 烤盘中放箅子，米条和鹌鹑蛋放在箅子上，刷上调味酱；烤盘放入预热为180℃的烤箱，烤20分钟。

⑤ 核桃仁放在厨房用纸上捣碎。

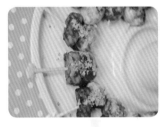

⑥ 米条和鹌鹑蛋串在一起，撒上核桃碎。

Tips美味提醒

烤网&箅子的使用窍门

烤网：观察烤箱内部可以发现，两旁的内壁上用于卡住烤网的槽分好几层。因此，我们可以根据食物调整烤网的高度。想在不改变烤网的位置的前提下调节高度时，可以将烤网翻过来。分两层烤食物时，上层的烤网可以凸面向上，下层的烤网可以凸面向下，这可以使中间的空间更大。

箅子：把比烤盘小的箅子放入烤盘，可防止油滴到烤盘上。将箅子放入装有水的烤盘，可以利用蒸汽。

"怀抱"着虾的鸡肉丸
虾仁鸡肉丸

鸡胸肉剁成肉泥，孩子也能很好地消化。

丸子的大小也要恰到好处。

因为是用烤箱烤，而不是用油炸，所以不会太油腻。

材料（＊儿童2人份）：

鸡胸肉320克、虾110克、面粉1/2杯、盐少许、胡椒粉少许、
鸡蛋1个、淀粉3汤匙、炸粉1杯

上下烤功能

时间：25分钟

温度：220℃

制作步骤：

① 鸡胸肉剁成肉糜，虾去
头去尾剥皮。

② 盐、胡椒粉、面粉倒入切
好的鸡胸肉，搅拌均匀。

③ 鸡肉糜捏成鸡肉丸，每
个丸子里包一只虾。

④ 捏好的鸡肉丸依次裹上
淀粉、鸡蛋液和炸粉。

⑤ 鸡肉丸放入烤盘，烤盘
放入预热为220℃的烤箱，
烤25分钟，不要烤煳。

Tips美味提醒

1. 可用肉质紧实的鸡腿肉代替鸡胸肉。
2. 在鸡肉丸上挤上番茄酱或淋上辣椒油，味道更佳。

有助于头脑发育的
核桃&杏仁糖

坚果类食物是有助于孩子头脑发育的零食，好吃又补脑。
妈妈们要经常给孩子做哦。

🧤 **材料**（＊装满一个烤盘的量）：

核桃仁100克、杏仁100克、白糖50克、橄榄油适量

热分对流功能

时间：10～15分钟
温度：180℃

🧤 **制作步骤：**

① 核桃仁和杏仁放入沸水中轻烫，去除杂质，然后捞出擦干。

② 核桃仁和杏仁中放白糖，腌制1～2小时，使其入味。

③ 核桃仁和杏仁放入铺有锡纸的烤盘中，涂抹橄榄油；烤盘放入预热为180℃的烤箱，烤10～15分钟。

提示：还可以用南瓜子或其他坚果类食物做这款美食。坚果糖做好之后，一定要放凉之后再装入容器。核桃仁和杏仁比较容易受潮，所以要时不时地拿出来看一下。

🔵 **Tips 可搭配的饮料**

颜色非常鲜艳的
五味子凉茶

我们越来越熟悉咖啡的味道，但有时还是会想念茶。在阳光明媚的日子里，喝一杯五味子茶，多么惬意啊！

🧤 **材料**（＊儿童5人份）：

五味子1杯、水6杯、龙舌兰糖浆（或低聚糖）5汤匙

🧤 **制作步骤：**

① 冲洗五味子，然后静置一天；将五味子放入容器，加水浸泡。

② 水变红时，根据个人喜好，放入龙舌兰糖浆或低聚糖，直接饮用。

提示：五味子可以保护视力，还有解毒的功效。放入酸甜的龙舌兰糖浆后，更有利于健康。

可以让孩子长个儿的
冰鱼脯卷米条

冰鱼脯可以让孩子迅速长高。
可怎么做，孩子才能爱吃呢？
我苦恼了很久，最后决定用它裹米条。

上下烤功能

时间：20分钟

温度：220℃

材料（＊儿童2人份）：

冰鱼脯2片、米条（6厘米）6根、橄榄油适量、龙舌兰糖浆适量

制作步骤：

①米条切成适当大小，用冰鱼脯将米条裹好。

②用签子把裹好的米条串起来。

③烤盘中刷橄榄油，放上米条串后在米条上刷橄榄油；烤盘放入预热为220℃的烤箱，烤20分钟。

Tips美味提醒

1.软糯的米条可直接使用，较硬的米条要放入水中泡一泡。

2.将烤好的米条串放入盘中，并用龙舌兰糖浆作蘸料，也可以用低聚糖或蜂蜜代替。

健康的零食
南瓜干&莲藕干

像南瓜或莲藕等食材，只需放入烤箱中烤一烤，就是天然的零食。

嘴馋时，吃南瓜干和莲藕干可以解馋。

苹果、西蓝花、红薯、土豆等切片之后烤一烤也很好吃，

蘸着低聚糖吃，口感更好。

材料（＊儿童2人份）：

南瓜1/4个、莲藕150克、醋3～4滴、盐少许

烘烤功能
时间：15～20分钟
温度：180℃

制作步骤：

① 莲藕削皮，切成薄片，放入凉水，水中滴醋，泡10分钟左右。

② 南瓜去籽切片，放入烤盘；烤盘放入预热为180℃的烤箱，烤18～20分钟。
注意：南瓜如果切得太薄，就可能煳。

③ 莲藕片洗净，吸干水分后放入烤盘，撒盐；烤盘放入预热为180℃的烤箱，烤15～20分钟。

Tips美味提醒

想长时间保存南瓜干或莲藕干，可以先将南瓜片或莲藕片放入盐水轻焯，再放入烤箱。这样一来，烤好的南瓜干或莲藕干就不易变色。糖度较高的水果烤好之后，要放在太阳下晒2～3天，味道更甜。像红薯、土豆等含有淀粉的食物，先焯一下，去除淀粉，就不会变色了。

营养满分的
香菇烤培根

香菇含丰富的蛋白质和人体必需的氨基酸、叶酸、维生素D等，
对正在长个子的孩子和怀有宝宝的孕妇非常有好处。
不加培根，只用香菇做料理也很好。

材料（＊儿童2人份）：

香菇10个、培根适量、玉米粒（罐装）1/2杯、洋葱1/4个、黄柿子椒1/4个、胡萝卜1/4根、黄油1汤匙、盐少许、胡椒粉少许、比萨奶酪碎适量

烘烤功能

时间：15～18分钟

温度：180℃

制作步骤：

① 去掉香菇的蒂，挖出里面的香菇肉。

② 培根、洋葱、黄柿子椒、胡萝卜切小丁。

③ 黄油放入炒锅，倒入步骤2处理好的原料，翻炒片刻，加少许盐和胡椒粉，炒熟即可。

④ 炒好的原料放入香菇，最上面放玉米粒。

⑤ 比萨奶酪碎撒在玉米粒上，香菇摆入烤盘。注意：也可用西芹粉代替比萨奶酪。

⑥ 烤盘放入预热为180℃的烤箱的上层，烤15～18分钟，烤到比萨奶酪熔化即可。

Tips美味提醒

玉米粒要放入水中清洗，然后控干水分。罐头中有食品添加剂，这样做可以减少食品添加剂的摄入量。

香气扑鼻的
迷你蒜香面包

大蒜可以去除体内的毒性物质，增强免疫力，
是有利于孩子健康的非常好的零食。
为了让孩子从小习惯大蒜的味道，可以用大蒜做一些零食，给孩子吃。

材料（＊儿童2人份）：

面包片2片、黄油30克、白糖1汤匙、蒜末0.8汤匙、西芹粉少许

烘烤功能

时间：5～10分钟

温度：170℃

制作步骤：

①黄油软化后，放白糖、蒜末，搅拌均匀。

②面包片切成小块，倒入盛有黄油的碗中，注意不要将面包弄碎；也可以一块块地拿面包块去蘸黄油。

③面包块放入烤盘，撒上西芹粉；烤盘放入预热为170℃的烤箱，烤5～10分钟。

Tips可搭配的饮料

疲惫时来一杯
柠檬饮料

有时，我们的身体需要酸甜的食物。身体非常疲倦时，来一杯柠檬饮料，疲劳会一扫而光。

材料（＊儿童3人份）：

水3杯、柠檬2个、粗盐适量、碳酸水200毫升、低聚糖（或龙舌兰糖浆）4汤匙、冰块1 1/2杯

制作步骤：

①用粗盐搓柠檬，然后用水冲洗干净。一个柠檬挤柠檬汁，另一个柠檬切片。

②玻璃瓶中倒水和碳酸水，加入低聚糖和冰块；挤出的柠檬汁过滤后倒入玻璃瓶，再放入柠檬片。

有助于孩子成长发育的
豆腐烤奶酪

这款美食可以同时提供蛋白质和钙。
对处于成长期的孩子来说，没有哪种零食比这更好了。
淋上一些橘子汁，味道更诱人。

上下烤功能

时间：10分钟
温度：160℃

材料（＊儿童1人份）：

原料：豆腐1/3块、切片奶酪2片、圣女果3个
橘子汁：橘子1个、低聚糖2汤匙、柠檬汁少许、水3汤匙

制作步骤：

① 奶酪切块，豆腐洗净控干；根据奶酪的量切豆腐；奶酪放在豆腐片上。

② 挤出橘子汁，与低聚糖、柠檬汁、水混合，制成橘子汁。

③ 圣女果上划十字，圣女果和豆腐奶酪放入预热为160℃的烤箱，烤10分钟。

Tips 美味提醒

食用前，将橘子汁淋在豆腐奶酪上，这样口感更好。

有利于身体健康的
原料齐聚一堂
豆腐蔬菜杯

豆腐是老少皆宜的食物。
有利于身体健康的豆腐、鸡蛋和各种蔬菜聚在一起，就成了味道鲜美的豆腐蔬菜杯。
再配上漂亮的烤箱容器，一下子就能抓住孩子们的眼和胃。

上下烤功能
时间：10～15分钟
温度：160℃

材料（*儿童2人份）：

豆腐1/2块、南瓜1/3个、洋葱1/3根、胡萝卜1/3根、淀粉1/2
杯、鸡蛋2个、盐0.3汤匙、胡椒粉少许、橄榄油适量

制作步骤：

①豆腐捣成豆腐泥，加盐和胡椒粉调味。

②南瓜、洋葱、胡萝卜切碎，放入豆腐泥中，搅拌均匀；鸡蛋打入其中，继续搅拌。

③烤箱容器中涂橄榄油，放入豆腐泥；容器放入预热为160℃的烤箱，烤10～15分钟。

用米粉代替面粉
酸奶核桃松饼

吃腻了用面粉做的松饼，

那么，用米粉代替面粉，大家觉得如何呢？

米粉里加入核桃仁和酸奶之后做出的松饼，真是既好吃又健康。

材料（＊做6个直径6厘米的松饼）：

米粉70克、黄油70克、白糖50克、鸡蛋1个、泡打粉2克、酸奶3汤匙、核桃仁1/2杯、香草精2克、盐少许

上下烤功能

时间：25～30分钟

温度：170℃

制作步骤：

① 让黄油在室温环境中软化；待其变软后，分三次加入白糖，搅打均匀。

② 打好的鸡蛋液分三次放入黄油中，搅打均匀。

③ 放入米粉和泡打粉、加少许盐，搅打。

④ 加酸奶和香草精，充分搅打。

⑤ 核桃仁捣碎，也放入大碗中。

⑥ 拌好的原料装入松饼杯，装70%～80%；松饼杯放入烤盘，烤盘放入预热为170℃的烤箱，烤25～30分钟。

肉饼雪人

听说和孩子一起做菜，能促进孩子的智力开发。
做出的雪人虽然看起来有点儿滑稽，但正因为不够完美才觉得很好玩。
还可以用番茄酱和水果装扮雪人哦。

👋 **材料**（＊儿童2人份）：

土豆3～4个、洋葱1/6个、胡萝卜1/6根、牛肉馅50克、盐少许、胡椒粉少许、橄榄油适量、番茄酱少许、圣女果适量、面粉1/2杯、面包屑1杯、鸡蛋2个

烘烤功能

时间：25～30分钟

温度：180℃

👋 **制作步骤：**

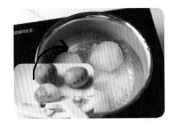

① 土豆削皮煮熟、捣成泥；洋葱和胡萝卜切碎。

② 橄榄油倒入平底锅，油热后放牛肉馅翻炒；炒熟之后，放胡萝卜和洋葱翻炒；所有原料都炒熟后，加盐和胡椒粉调味。

③ 土豆泥和锅中的原料都倒入碗中，搅拌均匀；在另一个碗中打鸡蛋液。

④ 取拌好的原料，捏成雪人形状，依次裹上面粉、鸡蛋液、面包屑。

⑤ 捏好的雪人放入烤盘，刷上橄榄油。

⑥ 烤盘放入预热为180℃的烤箱，烤25～30分钟；用番茄酱给雪人点上眼睛，用圣女果装扮雪人。

橙色的美味诱惑
橘子南瓜烤菜

在冬天常吃的橘子与南瓜成了朋友，奶酪也加入进来。
这三种食物聚在一起，会是什么味道呢？
如果好奇，就尝试一下吧。

材料（＊儿童2人份）：

原料:橘子2个、南瓜（小）1/2个、粗盐适量、比萨奶酪碎
1/2杯

调味汁：低聚糖2汤匙、橘子汁适量

烘烤功能

时间：20分钟

温度：180℃

制作步骤：

①橘子剥皮，掰成瓣。

②用粗盐搓洗南瓜；将南瓜切好，覆上保鲜膜，放入微波炉，加热1分钟。

③南瓜去皮，切小块。

④低聚糖和橘子汁混在一起，制成调味汁。

⑤橘子和南瓜倒入烤箱容器，淋上调味汁。

⑥撒上比萨奶酪碎，然后将容器放入预热为180℃的烤箱，烤20分钟。

好吃的手抓食物
南瓜烤培根

孩子叫小朋友到家里来玩，却没有好的零食？
这时可以做南瓜烤培根，相信孩子们一定会很喜欢。

烘烤功能

时间：20分钟

温度：180℃

材料（*儿童2人份）：

南瓜1/4个、培根6片、龙舌兰糖浆（或蜂蜜）1汤匙、西芹粉少许

制作步骤：

① 南瓜洗净去瓤，切成适当大小。

② 培根洗一下，控干水分，然后裹在南瓜上。

③ 烤盘中铺锡纸，摆上南瓜，刷上龙舌兰糖浆（或蜂蜜），撒上西芹粉；烤盘放入预热为180℃的烤箱，烤20分钟。

能让孩子快快长个的
小鳀鱼饭团

用小鳀鱼制作的儿童零食，有助于钙的吸收。
对患有骨质疏松症的大人来说，这也是非常好的零食。

热分对流功能

时间：10分钟
温度：220℃

🧤 **材料**（＊儿童1人份）：

米饭1/2碗、小鳀鱼适量、低聚糖0.5汤匙、黑芝麻0.5汤匙

🧤 **制作步骤：**

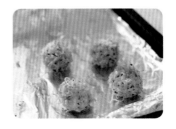

①米饭放凉，加黑芝麻和低聚糖，搅匀。

②米饭揉成饭团，表面裹上小鳀鱼，放入烤盘。

③烤盘放入预热为220℃的烤箱，烤10分钟即可。

🔴 **Tips美味提醒**

烤好之后，要等凉了后再拿出来，这样小鱼才不会碎。

辣白菜和红薯的梦幻组合

奶酪红薯辣白菜

红薯是非常有人气的减肥食品，
而泡菜是韩国人餐桌上不可或缺的传统食品，
今天就用红薯和泡菜做一款儿童零食吧！

🧤 材料（＊儿童2人份）：

红薯（中等大小）2个、比萨奶酪碎1杯、辣白菜碎1/2杯、洋葱1/6个、玉米粒（罐头）2汤匙、西芹粉少许、盐少许、胡椒粉少许、番茄酱少许

烘烤功能

时间：15~20分钟

温度：200℃

🧤 制作步骤：

①锅中加水，红薯切成两半，放入锅中，盖上锅盖煮20分钟左右。

②洋葱切碎。

③煮好的红薯从锅中取出，挖出红薯瓤，注意不要把红薯皮弄破。

④红薯瓤、辣白菜碎、洋葱碎和玉米粒都放入碗中，搅拌均匀后加盐、胡椒粉和番茄酱，继续搅拌。

⑤将步骤4拌好的原料放入红薯皮，撒上比萨奶酪碎，再放入预热为200℃的烤箱，烤15~20分钟。

⑥撒上西芹粉。

让人爱上胡萝卜的神奇食物
瓜子胡萝卜松饼

怕放了胡萝卜，孩子不爱吃？
这一点完全不用担心。
当孩子想吃零食时，吃一个瓜子胡萝卜松饼刚刚好。

材料（＊装满一个烤盘的量）：

米粉80克、黄油70克、白糖50克、鸡蛋1个、泡打粉2克、
牛奶3汤匙、胡萝卜1/5根、瓜子仁1/3杯、柠檬油2克、
盐少许

上下烤功能

时间：30分钟
温度：170℃

制作步骤：

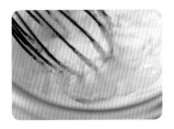

① 让黄油在室温环境中软化；待其变软后，分三次加入白糖，打发黄油。

② 打鸡蛋液，将鸡蛋液分三次放入黄油中，搅打均匀。

③ 放入米粉和泡打粉，加少许盐，搅打均匀。

④ 倒入牛奶、用搅拌机搅好的胡萝卜泥、柠檬油，充分搅拌。

⑤ 一部分瓜子仁放入其中。

⑥ 拌好的原料装入松饼杯，装70%～80%；松饼杯放入预热为170℃的烤箱，烤30分钟左右。

Tips 美味提醒

松饼烤至半熟时，在松饼上撒一些瓜子仁，然后再放入烤箱继续烤。

浓醇的豆香
豆腐芝麻棒

豆腐芝麻棒是完整地保存了大豆营养的健康零食。
第一次做的时候，我也担心味道会很奇怪，
但豆腐的清香和黑芝麻的香味很好地融合在一起，吃得再多也不会腻。

材料（＊儿童2人份）：

豆腐1/4块、面粉3/4杯（约150克）、泡打粉3克、盐2克
水4汤匙、黑芝麻1汤匙、白糖少许

上下烤功能

时间：15～18分钟

温度：220℃

制作步骤：

①用刀将豆腐拍碎，并用干抹布或厨房用纸包住，挤出水分。

②豆腐泥、面粉、泡打粉、盐、白糖放入盆中，边加水边搅。

③面团稍微成形后，放到砧板上，使劲揉。

④揉得差不多时，将面分成20块。

⑤黑芝麻撒在砧板上，面团搓成细长条，让其粘上黑芝麻，然后放入烤盘。

⑥烤盘放入预热为200℃的烤箱，烤15～18分钟。

孩子的生日餐点

用面包做比萨
面包片比萨

如果吃腻了比萨店的比萨，你可以在家中自己做比萨。
用的原料都很常见。

🧤 **材料**（＊儿童4人份）：

面包片4片、圣女果3～4个、口蘑4个、洋葱1/4个、番茄酱1/2杯、
培根2片、比萨奶酪碎1/2杯

烘烤
功能（上层）

时间：20分钟
温度：200℃

🧤 **制作步骤：**

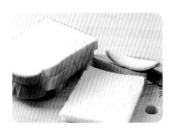

① 将面包片的边角切掉，
口蘑切片，洋葱和圣女果捣
碎，培根切丝。

② 洋葱、圣女果和番茄酱
都放入碗中，搅拌均匀。

③ 口蘑、培根、比萨奶酪
碎放在面包片上，面包片
放入预热为200℃的烤箱，
烤20分钟。

米条的华丽变身
意式烤年糕

孩子不爱吃辣酱炒年糕，但又找不到卖新口味的年糕的地方。
这时，就可以在家给孩子做不辣的年糕料理。

👋 **材料**（＊儿童2人份）：

米条500克、口蘑3个、培根2片、洋葱1/2个、黄柿子椒1个、黄油少许、胡椒粉少许、盐0.3汤匙、鲜奶油5汤匙、牛奶1/2杯、蒜末0.3汤匙、比萨奶酪碎1杯

烘烤功能（上层）

时间：20分钟
温度：200℃

👋 **制作步骤：**

① 米条切成两半，将粘在一起的米条分开。

② 口蘑切片，培根切丝。

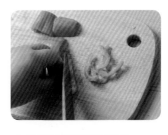

③ 洋葱和黄柿子椒切丝。

④ 黄油和蒜末放入平底锅，翻炒片刻再放入洋葱、培根、鲜奶油、胡椒粉、盐，炒至微熟。

⑤ 倒入米条、口蘑、黄柿子椒、牛奶，继续翻炒。

⑥ 锅中的食物盛入烤箱容器，撒上比萨奶酪碎；容器放入预热为200℃的烤箱，烤20分钟。

生日蛋糕的华丽变身
葡萄干米粉松饼

这是一款既营养又好看的甜品。
它是用米粉做的，所以更加健康。

👋 **材料**（＊做6个直径7厘米的松饼）：

原料：米粉70克、黄油70克、白糖50克、鸡蛋1个、泡打粉2克、牛奶3汤匙、葡萄干1/2杯、柠檬油2克、盐少许

装饰用：鲜奶油适量、食用糖珠适量、蛋糕点缀物适量

上下烤功能

时间：30分钟

温度：170℃

👋 **制作步骤：**

① 让黄油在室温环境中软化，待其变软后，分三次放入白糖，打发黄油。

② 打鸡蛋液，将鸡蛋液分三次放入黄油中，搅打均匀。

③ 放入米粉和泡打粉，加少许盐，搅拌均匀。

④ 加牛奶和柠檬油，充分搅拌。

⑤ 放入葡萄干，搅拌均匀；将拌好的原料装入松饼杯，装满容器的70%~80%。

⑥ 松饼杯放入预热为170℃的烤箱，烤30分钟后拿出松饼，用鲜奶油、食用糖珠、蛋糕点缀物装饰。

可增强孩子免疫力的
蘑菇酱肉饼

蘑菇可以增强免疫力。
从有益健康这一点来看，
蘑菇酱肉饼应该是妈妈送给孩子的最好的生日礼物。

材料（＊2人份）：

肉饼：牛肉馅100克、猪肉馅100克、洋葱1/2个、蒜末1汤匙、牛排酱1汤匙、口蘑2个、胡椒粉0.3汤匙、炸粉1/2杯、面粉1汤匙、黄油少许

调味汁：口蘑4个、蒜4瓣、低聚糖4汤匙、胡椒粉0.3汤匙、盐0.5汤匙、黄油1汤匙、水200毫升、香叶4～5片、面粉1汤匙、洋葱2/3个、番茄酱4汤匙、牛排酱3汤匙

热分对流功能

时间：20分钟
温度：200℃

制作步骤：

① 将制作肉饼用的洋葱和口蘑切碎。

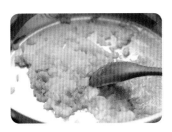

② 平底锅中放黄油和蒜末翻炒，直到炒出蒜香味。

③ 放入洋葱，继续翻炒，待洋葱稍微发黄后，放入口蘑、牛排酱，翻炒至完全炒熟。

④ 开始制作蘑菇酱：将制作蘑菇酱用的口蘑和蒜切片，洋葱切丝。

⑤ 另取一口平底锅，放入黄油，再放入蒜、口蘑、洋葱翻炒。

⑥ 锅中加面粉、水、香叶、牛排酱、番茄酱、低聚糖、胡椒粉、盐，小火熬煮；熬好后，捞出香叶。

⑦ 牛肉馅、猪肉馅、胡椒粉、面粉、炸粉放入步骤3的锅中，搅拌均匀。

⑧ 拌好的肉馅捏成肉饼。

⑨ 肉饼放入预热为200℃的烤箱，烤20分钟；食用前，浇上调味汁。

简单又体面的

宴客烤箱美食

　　家中来客人时，要用什么菜招待呢？今天就由做宴客菜达人希尼弗帮大家排忧解难。在这一部分，从自助餐到正统韩式料理，再到为朋友们做的下酒菜，一应俱全。此外，还附有知名餐厅的人气菜的做法哦。

浓郁香醇的奶油沙司的味道
奶油沙司通心粉

美国具有代表性的家庭食品就是奶酪通心粉。
让通心粉粘上香香的奶油沙司，再放入烤箱中烤，
就做出了大家非常喜欢的美味。
朋友来做客时，可以与朋友分享。

材料（＊2人份）：

原料：通心粉2把（约120克）、面包屑1/3杯、西芹粉0.5汤匙、盐少许

奶油沙司：面粉3汤匙、黄油4汤匙、牛奶1 1/4杯、鸡蛋1个、黄瓜碎4汤匙、切达切片奶酪 2 片、巴马奶酪粉0.5汤匙、胡椒粉少许

上下烤
功能→烘烤功能
时间：10～15分钟
温度：180℃

制作步骤：

①锅中倒足量水，加一些盐，煮通心粉；煮好后，倒入筛网控干。

②制作奶油沙司：黄油放在锅中加热，待其软化后，倒入面粉，小火翻炒。

③面粉炒成淡褐色后，边加牛奶和鸡蛋液的混合物，边继续加热。

④放入黄瓜碎、切达切片奶酪，再加胡椒粉和巴马奶酪粉调味。

⑤通心粉倒入做好的奶油沙司，拌匀后盛入烤箱容器，撒上面包屑和西芹粉。

⑥烤箱容器放入预热为180℃的烤箱，烤10～15分钟即可。

Tips美味提醒

1.如果奶油沙司太干，就倒入少许煮面的水。
2.如果想让味道更浓郁，就再加一些马苏里拉奶酪。
3.快烤好时，将烤箱功能调为"烘烤功能"，可以让做出的美食色泽更诱人。

能让你吃饱吃好的一等美食
鸡蛋肉糜卷

在多人聚会时，有一种美味不可或缺，那就是肉糜卷。
如果搭配鸡蛋，味道就更好了。

材料（*2人份）：

原料：牛肉馅300克、猪肉馅100克、芦笋6根、洋葱（中等大小）1/2个、鹌鹑蛋10～12个、牛奶4.5汤匙、面包屑1杯、盐少许、胡椒粉少许

调味汁：番茄酱7汤匙、白糖6汤匙、法式芥末酱3汤匙

上下烤功能

时间：40～45分钟

温度：200℃

制作步骤：

① 牛肉馅和猪肉馅放在厨房用纸上，沥干血水之后，放入盆中。

② 去除笋尖上突起的鳞片后，将芦笋放入开水焯30秒。

③ 洋葱切碎，鹌鹑蛋煮熟剥皮。

④ 制作调味汁：番茄酱、白糖和法式芥末酱混合，搅拌至白糖溶解。

⑤ 洋葱碎、盐、胡椒粉放入肉馅中搅拌；倒入3/4的调味汁，搅拌均匀。

⑥ 倒入牛奶，继续搅拌。

⑦ 放入面包屑，调整稠度；如果肉馅还有点儿稀，就再加少许面包屑。

⑧ 肉馅放在锡纸上，压平整，制成方形肉饼（1厘米厚）；肉饼上放芦笋和鹌鹑蛋；肉饼卷成肉卷。

⑨ 肉卷上刷剩下的调味汁，用锡纸包好后放入烤盘；烤盘放入预热为200℃的烤箱，烤40~45分钟；烤好后切成适当大小。

牛排和米饭的结合
米饭牛排

吃完牛排之后，过一会儿就又会觉得饿，可能很多人都有过这样的感觉。
现在我就为大家介绍一款让你既能吃饱，又能吃好的牛排料理——米饭牛排。

材料（＊2人份）：

牛排：牛肉馅150克、料酒1.5汤匙、胡椒粉少许、米饭200克、嫩南瓜碎3汤匙、胡萝卜碎3汤匙、黄柿子椒碎3汤匙、香油0.5汤匙、盐0.3汤匙、植物油1汤匙

牛排酱：洋葱碎4汤匙、蒜末2汤匙、口蘑1个、葡萄醋1汤匙、黄糖1汤匙、辣椒油1汤匙、番茄酱3汤匙、水3汤匙、辣椒酱0.5汤匙、植物油2汤匙

热分 对流功能

时间：20分钟

温度：200℃

制作步骤：

① 牛肉馅、料酒、胡椒粉放入盆中，搅拌均匀。

② 平底锅中放植物油，然后放入嫩南瓜碎、胡萝卜碎、黄柿子椒碎翻炒。

③ 米饭放入另一个碗中，将平底锅中的食材也盛入其中，加香油和盐拌匀。

④ 用步骤3拌好的原料做圆饼，外面裹上肉馅，放入预热为200℃的烤箱，烤20分钟左右。

⑤ 烤牛排的同时制作牛排酱：平底锅中倒植物油，放入洋葱碎、蒜末和切好的口蘑片翻炒。

⑥ 炒至洋葱变透明后，放入葡萄醋、黄糖、辣椒油、番茄酱、水、辣椒酱，小火熬煮。

Tips美味提醒

1.搅拌肉馅时要搅拌很久，这样肉的口感才会好。

2.做好的牛排酱要浇在米饭牛排上。

层层重叠的意式家庭料理
意式千层面

吃腻了通心粉时，可以尝试做意式千层面吃。
在宽宽的意式面片上涂酸酸甜甜的番茄酱和香香的奶酪调料，
就能做出不亚于餐厅料理的美味佳肴。

材料（ * 2人份 ）：

原料：意式宽面9片、马苏里拉奶酪碎1杯、植物油适量

番茄酱：番茄罐头（411克）2罐、干香料（牛至、罗勒等）1汤匙、蒜末2汤匙、洋葱（大）1/3个、法式香肠1根（约70克）、胡椒粉0.4汤匙、葡萄籽油2汤匙

奶酪调料：里科塔奶酪400克、鸡蛋1个、巴马奶酪粉3汤匙、盐少许、胡椒粉少许

上下烤功能

时间：20～22分钟

温度：200℃

👋 **制作步骤：**

① 制作番茄酱：平底锅中倒葡萄籽油，放入蒜末，中火翻炒，炒出香味。

② 放入番茄罐头和干香料，熬煮20分钟左右。

③ 汤汁略变浓稠后，放入胡椒粉以及切好的洋葱碎、法式香肠碎，熬10分钟。

④ 制作奶酪调料：里科塔奶酪、鸡蛋、巴马奶酪粉、盐、胡椒粉放入碗中搅拌。

⑤ 意式宽面放入水中煮，然后放在筛网上控干。

⑥ 烤箱容器内壁上轻刷植物油，放一片意式宽面、刷番茄酱和奶酪调料后再放一片意式宽面；这一过程重复两遍。

⑦ 马苏里拉奶酪碎均匀地撒在容器中的食物表面。

⑧ 容器放入预热为200℃的烤箱，烤20~22分钟。

🔵 **Tips 美味提醒**

1. 里科塔奶酪也可以自制，具体方法见第51页。
2. 每个品牌的意式宽面所需煮制时间都不同，实际用的时间应比包装袋上建议的少1~2分钟。
3. 向烤箱容器中放意式宽面时，不要装得太满。

让你不断舔手指的
辣烤红蛤

红蛤汤虽然也很好喝，但加入辣的调味酱的烤红蛤更是让人胃口大开。
吃烤红蛤时，用手抓着吃比用筷子夹着吃更好。
用手指抠着吃，也别有一番风味哦。

材料（＊装满一个烤盘的量）：

原料：红蛤500克、大葱1/3根

调味酱：豆瓣酱3汤匙、辣椒酱1汤匙、蒜末1汤匙、辣椒粉1汤匙、白糖2汤匙、盐少许、胡椒粉少许

**热分
对流功能**

时间：20分钟

温度：200℃

制作步骤：

① 去除红蛤内的杂质。

② 用刷子使劲儿刷红蛤壳，一定要刷干净。

③ 制作调味酱：将制作调味酱所需的原料混合起来，搅拌均匀。

④ 将收拾好的红蛤放在锡纸上，倒上调味酱。

⑤ 切好的葱花撒在红蛤上。

⑥ 用锡纸包住红蛤，放入预热为200℃的烤箱，烤20分钟。

Tips 美味提醒

如果买不到红蛤，可以用其他种类的蛤蜊代替。

酥脆又有营养的
面包屑烤鲢鱼

品尝这道菜，可以同时感受面包屑的酥脆和鲢鱼的软嫩。
你将发现，在家里做的鲢鱼，味道也是一绝。

材料（＊2人份）：

原料：鲢鱼2块、盐少许、胡椒粉少许、黄芥末酱1汤匙、可生吃的蔬菜1把
炸粉：面包屑7汤匙、西芹2根、苏子叶1片、葡萄籽油1汤匙
沙拉：葡萄籽油1汤匙、白糖0.5汤匙、柠檬汁1汤匙

热分
对流功能

时间：12～15分钟
温度：210℃

制作步骤：

① 鲢鱼去皮，撒上盐和胡椒粉，腌制片刻。

② 制作炸粉：将面包屑、西芹、葡萄籽油放入搅拌机搅拌。

③ 将苏子叶放入搅拌机，继续搅拌。

④ 腌好的鲢鱼放入烤盘，在鱼肉上涂黄芥末酱和炸粉，用手轻轻按压。

⑤ 烤盘放入预热为210℃的烤箱，烤12～15分钟。

⑥ 烤鲢鱼的同时将蔬菜和拌沙拉所需的原料都放入碗中拌好；鲢鱼烤好之后，将沙拉摆在旁边，作点缀。

Tips美味提醒

1. 用面包片的边角部分自制面包屑，味道会更好。
2. 应该使用第戎黄芥末酱，这样才能做出好吃的烤鲢鱼。

非常不错的开胃菜
番茄烤肉

番茄与肉馅搭配，就是一道绝佳的开胃菜。
酸甜的番茄可以增加食欲。

材料（*2人份）：

原料：番茄（中等大小）2个、盐少许

肉馅：牛肉馅50克、猪肉馅50克、洋葱（中等大小）1/4个、大葱（葱白部分）1段（8厘米）、鸡蛋液1汤匙、面包屑1汤匙、蒜末0.5汤匙、牛奶0.5汤匙、干香草粉0.3汤匙、番茄酱0.3汤匙、第戎黄芥末酱0.3汤匙、盐少许

热分对流功能

时间：25～30分钟
温度：200℃

制作步骤：

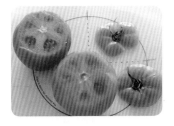

① 切去番茄带蒂的头端。

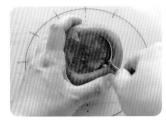

② 用勺子挖出番茄肉。

③ 向处理好的番茄内撒点儿盐，倒扣在厨房用纸上。

④ 碗中放面包屑和牛奶，搅拌到面包屑都被浸湿。

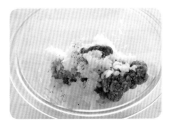

⑤ 洋葱和大葱切碎，放入肉馅中；再放入鸡蛋液、蒜末、干香草粉、番茄酱、第戎黄芥末酱和少许盐，搅拌均匀。

⑥ 拌好的肉馅放入番茄内，番茄放入烤盘。

⑦ 盖上番茄盖，烤盘放入预热为200℃的烤箱，烤25～30分钟。

Tips 美味提醒

1.将两种或两种以上的香草粉混在一起，味道会更好。

2.番茄可以用柿子椒代替。

不用另外做菜的
南瓜营养饭

用烤箱蒸饭比用电饭锅蒸饭更省事，只要定好温度和时间就行了。
大家也跟着学一下吧。

材料（＊2人份）：

大米3/4杯、薏米3汤匙、黑米3汤匙、糙米3汤匙、黑豆3汤匙、水2 1/3杯、南瓜（中等大小）1个

上下烤功能

时间：40分钟

温度：230℃→200℃

制作步骤：

① 南瓜洗净，装入塑料袋，放入微波炉，加热8～10分钟

② 用刀在南瓜的上部开一个口，剜下的部分充当盖子；将南瓜子掏净。

③ 大米、糙米、黑米、薏米和黑豆洗净，倒入筛网沥干，静置30分钟左右。

④ 步骤3处理好的食材倒入烤箱容器，加水，盖上锡纸；容器放入预热为230℃的烤箱，烤25分钟。

⑤ 烤好的饭装入南瓜，南瓜放入烤盘。

⑥ 给南瓜盖上盖子；烤盘放入预热为200℃的烤箱，烤15分钟左右。烤好后，将南瓜切成适当大小。

Tips 美味提醒

如果将生的大米和杂粮放入南瓜直接烤，就可能耗费很长时间，南瓜还可能煳。将饭烤好后再放入南瓜，既能节约时间，又能保证口感。

用烤箱做口感更好
特色烤牛肉

有时候想做一些特别的菜，
比如说邀请爸妈到家里吃饭时，总不能每次都做酱牛肉吧?

 **材料**（＊2人份）：

原料：牛肉400克、葡萄籽油4汤匙、洋葱丝适量
烤牛肉调味酱：枫糖糖浆5汤匙、酱油0.5汤匙、醋1汤匙、第戎黄芥末
酱1汤匙
腌洋葱：洋葱（大）1/2个、盐0.5汤匙
洋葱拌料：酱油0.5汤匙、白糖0.5汤匙、醋0.5汤匙、香油0.3汤匙

热分
对流功能

时间：20～25分钟

温度：200℃

制作步骤：

① 牛肉放出血水后，用线绑起来。

② 葡萄籽油倒入事先加热了的平底锅，牛肉放入锅中，煎至表面变熟。

③ 洋葱丝放入烤盘，然后放牛肉；烤盘放入预热为200℃的烤箱，烤20~25分钟。

④ 将准备好的1/2个洋葱切丝，加盐腌5分钟左右。

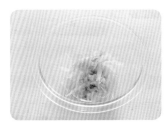

⑤ 用凉水冲洗腌好的洋葱丝并沥干，然后加入洋葱拌料搅拌。

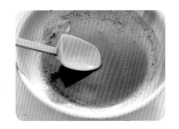

⑥ 盘中倒入制作烤牛肉调味酱所需的原料，搅拌均匀，制成调味酱。

⑦ 放入烤好的牛肉，让调味酱均匀地沾在牛肉表面。

⑧ 牛肉切成0.5厘米厚的肉片，和拌洋葱摆在一起。

老人喜欢的味道
明太鱼烤鸡肉

老人们非常喜欢的一款美食。
长辈来家里做客时，它肯定会为你加分不少。

材料（*2~3人份）：

原料：干明太鱼1条、鸡翅根10个、米条（10厘米）1条、香菇（中等大小）2个、干红辣椒1个、海带适量、板栗适量、红枣4颗、小辣椒1个、植物油3汤匙、芝麻少许

翅根腌料：清酒2汤匙、胡椒粉0.5汤匙

调味汁：辣椒酱1汤匙、酱油4汤匙、低聚糖1汤匙、黄糖1汤匙、生姜汁1汤匙、煮过明太鱼的水1 1/4杯、胡椒粉0.5汤匙

制作步骤：

①干明太鱼上洒一些水，将其浸湿，搁置10分钟左右。

②将鱼切成4～5厘米长短的段。

③鸡翅根洗净，放入翅根腌料，腌制10分钟左右。

④腌好的鸡翅根放入刷有植物油的烤盘，烤盘放入烤箱，烤到翅根表面发黄。

⑤香菇、米条、干红辣椒、小辣椒、海带切好，板栗去皮。

⑥调味汁原料混合起来，搅匀，制成调味汁。

⑦烤箱容器中放明太鱼、鸡翅根、米条、香菇等，倒入调味汁；容器放入预热为200℃的烤箱，烤27～30分钟。

⑧烤好之后，撒少许芝麻。

Tips 美味提醒

1. 干明太鱼要先去掉鱼头和鱼尾，切下来的鱼头不要扔，可以放入冰箱保存，煮汤时会用到。

2. 可以用鲜明太鱼代替干明太鱼，味道也很好。

简单易学的
辣海鲜杂菜

不用将原料一一翻炒，所以这道菜非常容易做。
辣海鲜杂菜跟其他杂菜的味道不同。

材料（＊2人份）：

原料：粉丝100克、洋葱（中等大小）1/2个、胡萝卜（中等大小）1/4根、韭菜1/10捆、各种海鲜（虾、蛤蜊肉、鱿鱼等）1杯

海鲜腌料：清酒2汤匙、生姜汁1.5汤匙、胡椒粉少许

海鲜拌料：辣椒油2汤匙、酱油2.5汤匙、料酒1.5汤匙、蒜末1汤匙、辣椒粉1汤匙、蜂蜜0.3汤匙

调味汁：酱油1.5汤匙、白糖1汤匙、香油1汤匙、芝麻0.5汤匙

上下烤功能

时间：15～20分钟
温度：190℃

制作步骤：

① 粉丝在温水中浸泡1小时以上；洋葱、胡萝卜切丝，韭菜切段（4～5厘米）。

② 海鲜洗净，加清酒、生姜汁、胡椒粉，腌制10分钟左右。

③ 腌好的海鲜和海鲜拌料混合，搅拌均匀。

④ 另取一个碗，放入所有调味汁原料搅拌，直到白糖全部溶解，制作调味汁。

⑤ 烤箱容器中放入洋葱、胡萝卜、韭菜、海鲜、粉丝，盖上锡纸；容器放入预热为190℃的烤箱，烤15～20分钟。

⑥ 烤熟之后，揭开锡纸，倒入调味汁，搅拌均匀。

Tips 美味提醒

盖上锡纸的目的是不让水分流失。

有利于身体健康的
蘑菇沙拉

为了减肥，为了健康，很多人都非常爱吃沙拉。
现在我们就来一起用蘑菇和蔬菜制作蘑菇沙拉吧。
低热量的蘑菇和富含膳食纤维的蔬菜，真是绝配。

材料（*2人份）：

原料：香菇（中等大小）2个、蚝菇（大）1个、平菇5个、
生菜适量、香油1.5汤匙、盐少许
沙拉调味汁：酱油3汤匙、洋葱碎3汤匙、黄糖1汤匙、醋2
汤匙、水3汤匙、胡椒粉少许

烘烤功能
时间：8～9分钟
温度：180℃

制作步骤：

①所有菌类洗好擦干，掰
成适当大小，加香油和
盐，放入预热为180℃的烤
箱，烤8～9分钟。

②将制作沙拉调味汁的原
料混合并搅拌，直到白糖
溶解，制成沙拉调味汁。

③生菜洗净沥干，放入碗
中；放入烤好的菌类，食用
前淋上沙拉调味汁。

可以与辣白菜搭配的
烤猪肉 with烧酒

五花肉也要去油腻，才更有利于健康。

材料（ *2人份）：

原料：猪五花肉（大块）400克、辣白菜1/4棵

辣白菜拌料：白糖0.3汤匙、香油1汤匙

猪肉腌料：芥末酱0.8汤匙、红酒4.5汤匙、酱油1.5汤匙、黄糖0.5汤匙、香叶1片、盐少许、胡椒粉少许

制作步骤：

①猪肉腌料混合起来，抹在五花肉上，腌制1天左右。

②五花肉用锡纸包住，放入预热为200℃的烤箱，烤35分钟。

③辣白菜洗好沥干，加白糖和香油拌好，放入没有油的锅中清炒。

Tips美味提醒

1.用刀子或叉子在猪五花上划几刀，这样更容易入味。

2.最后，烤好的五花肉切成适当大小，与炒好的辣白菜一起上桌。

入口即化的甜蜜
迷你水果杯 with红酒

水果杯的原型是芝士蛋糕。
在奶油奶酪上面放上酸酸甜甜的水果，入口即化的魅力让你无法抗拒。

材料（＊2人份）：

原料：玉米粉圆饼4张、各种水果（草莓、猕猴桃、桃等）适量、500毫升的矿泉水瓶1个

奶油奶酪：奶油奶酪5汤匙（约65克）、白糖1.5汤匙、原味酸奶2汤匙

上下烤功能

时间：7～8分钟

温度：190℃

制作步骤：

① 水果切成适当大小，放在厨房用纸上控干。

② 剪下矿泉水水瓶的上部，用其在玉米饼圆饼上切出一个个小圆饼。

③ 切好的小圆饼放入迷你松饼模具；模具放入预热为190℃的烤箱，烤7～8分钟，做出圆饼杯。

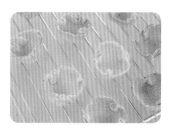

④ 烤好的圆饼杯摆在烤网上晾凉。

⑤ 奶油奶酪、白糖、原味酸奶混合起来，制成奶油奶酪。

⑥ 奶油奶酪挤入圆饼杯，挤满圆饼杯的2/3，然后放上水果，加以装饰。

Tips 美味提醒

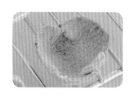

如果玉米粉圆饼很难买到，可以用面包片代替。

辣烤鸡肉串  with红酒

总不能每次喝烧酒都用鱼丸汤做下酒菜吧。
下次喝烧酒时，你可以做辣烤鸡肉串来吃，味道也很不错哦。

材料（＊2人份）：

原料：鸡腿肉4块、口蘑6个、大葱2根

鸡肉腌料：辣椒3个、蒜2瓣、大葱1/2根、洋葱（中等大小）1/2个、辣椒酱2汤匙、蜂蜜1汤匙、辣椒粉0.7汤匙、酱油0.5汤匙、清酒0.5汤匙、胡椒粉0.3汤匙

上下烤功能

时间：15～20分钟

温度：190℃

制作步骤：

① 辣椒、蒜、大葱、洋葱放入搅拌机搅拌。

② 加入辣椒酱、蜂蜜、辣椒粉、酱油、清酒、胡椒粉，继续搅拌。

③ 鸡腿肉收拾好，放入调好的腌料中，腌制20分钟以上。

④ 口蘑一分为二，大葱切成约2厘米的段。

⑤ 木签上串鸡肉、口蘑、大葱；串好的串放入预热为190℃的烤箱，烤15～20分钟。

Tips 美味提醒

烤制过程中可以拿出来，再涂一些腌料，这样色泽更漂亮。

鱿鱼料理的升级版
鱿鱼包饭 with红酒

辣炒鱿鱼、鱿鱼盖饭、炸鱿鱼，你是不是已经吃腻了呢？
今天就为大家介绍鱿鱼包饭。
它搭配拌黄豆芽，正好做下酒菜。

材料（*2人份）：

原料：鱿鱼2只、白萝卜片适量、粗盐适量、小葱少许、芝麻少许

鱿鱼腌料：辣椒酱2汤匙、香油0.5汤匙、酱油0.5汤匙、低聚糖1汤匙、辣椒粉1汤匙、洋葱（中等大小）1/4个、小辣椒2个、料酒0.5汤匙、蒜末0.3汤匙

拌黄豆芽：黄豆芽2把（约150克）、葱花0.5汤匙、蒜末0.5汤匙、盐少许、香油少许、芝麻盐少许

热分对流功能

时间：17～22分钟
温度：200℃→240℃

🧤 **制作步骤：**

①去除鱿鱼的内脏。

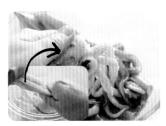

②位于鱿鱼须中央的鱿鱼嘴也要去除。

③用粗盐轻轻揉搓鱿鱼，剥下鱿鱼皮，然后将鱿鱼用清水洗净。

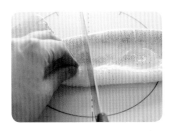

④在鱿鱼肉上划几刀。

⑤洋葱和小辣椒放入搅拌机，加入制作鱿鱼腌料所需的其他原料，一起搅拌。

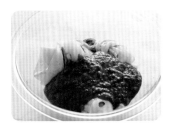

⑥鱿鱼中加制好的腌料，腌制1～2小时。

⑦黄豆芽焯一下，沥干水分，加蒜末、葱花和盐拌一下，再放入芝麻盐和香油。

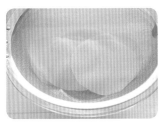

⑧萝卜片焯一下，控干水分。

⑨腌好的鱿鱼放在烤网上，放入预热为200℃的烤箱，烤15～20分钟，然后再将烤箱预热为240℃，烤2分钟左右。

怀念异国他乡的味道时
港式黄金卷 with红酒

觉得日常生活无聊，期待发生什么好事情时，

不要等待，直接挑战吧。

用烤箱制作的黄金卷，既不麻烦，还很香，非常适合做下酒菜。

材料（＊2人份）：

原料：牛肉150克、洋葱（中等大小）1/4个、青椒（中等大小）1个、黄柿子椒（中等大小）1个、红柿子椒（中等大小）1个、鸡蛋1个、玉米粉圆饼1张、面包屑1杯、葡萄籽油适量、盐少许、胡椒粉少许

牛肉拌料：酱油1.5汤匙、蜂蜜0.7汤匙、蒜末0.5汤匙、葱花0.3汤匙、胡椒粉少许

上下烤功能

时间：25～30分钟

温度：190℃

制作步骤：

① 牛肉放在厨房用纸上，吸干血水；倒入所有牛肉拌料，搅拌均匀。

② 洋葱、青椒和柿子椒切成宽0.5厘米的丝。

③ 平底锅中倒油，放入洋葱、青椒和柿子椒，加盐和胡椒粉，翻炒。

④ 在玉米粉圆饼上放牛肉、洋葱、青椒和柿子椒。

⑤ 将圆饼卷起来。

⑥ 卷好的圆饼上刷打好的鸡蛋液，裹上面包屑。

⑦ 烤网放入烤盘，烤网上放圆饼，圆饼上涂上葡萄籽油；烤盘放入预热为190℃的烤箱，烤25～30分钟。

⑧ 烤好的黄金卷切成适当大小。

Tips 美味提醒

港式黄金卷搭配甜辣酱，更好吃。

SPECIAL PAGE

家庭餐厅

Home Restaurant

OPEN

与法棍搭配的 烤蒜

单吃也很好吃，但如果与法棍或面包片搭配，更好吃。

到底有多好吃呢？

你自己做来尝尝吧。

材料（*2人份）：

原料：法棍1/2个、蒜1杯、凤尾鱼1条、巴马奶酪粉2汤匙、西芹粉适量

腌蒜料：葡萄籽油2汤匙、西芹粉0.8汤匙、盐少许、胡椒粉少许

上下烤功能

时间：20～25分钟

温度：200℃

制作步骤：

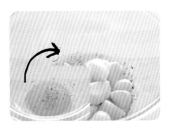

① 碗中放腌蒜料，再放入洗好的蒜，搅拌均匀，腌5分钟左右。

② 腌好的蒜放入预热为200℃的烤箱，烤20～25分钟。

③ 烤好的蒜上放巴马奶酪粉和凤尾鱼、西芹粉，搅拌均匀；与切好的法棍一起摆上桌。

新鲜水果和坚果的组合
爱尔兰小虾沙拉

沙拉的人气非常高。
随着健康饮食越来越受重视，沙拉的身价不断飞涨。
既有利于身体健康，味道也很棒的沙拉就在这里。

材料（＊2人份）：

原料：虾（中等大小）10只、橙子（中等大小）1/2个、猕猴桃（中等大小）1个、圣女果5个、腰果2汤匙、生菜2把

腌虾料：葡萄籽油0.5汤匙、盐少许、胡椒粉少许

橙汁：橙子（中等大小）1个、橙汁3汤匙、葡萄籽油1汤匙、蜂蜜0.5汤匙、盐少许

上下烤功能

时间：10～15分钟

温度：190℃

制作步骤：

①去除虾头，挑出虾线。

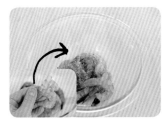

②剥掉虾皮（留下靠近虾尾的一节的皮），放入腌虾料，腌制10～15分钟。

③腌好的虾放入烤盘，烤盘放入预热为190℃的烤箱，烤10～15分钟。

④猕猴桃、1/2个橙子、圣女果切成适当大小。

⑤制作橙汁：将剩余的那个橙子的果肉剥出，放入搅拌机，加入橙汁、葡萄籽油、蜂蜜、盐，搅拌。

⑥碗中放生菜，放入虾、猕猴桃、橙子、圣女果，倒入调好的橙汁，再放入腰果。

Tips 美味提醒

剥果肉的方法

切去橙子的上下两端后，将橙子放在桌上，用刀将皮削去，然后如左图所示，将果肉切下。

毫无难度的餐厅人气美食
土豆奶酪

去餐厅时，最爱吃的料理就是土豆奶酪。

最近，我都是自己在家里做着吃。

制作方法很简单，而且味道比餐厅卖的还好。

材料（＊2人份）：

原料：土豆（大）2个、培根（或切片火腿）3片、切片奶酪4片、马苏里拉奶酪碎1杯

土豆腌料：葡萄籽油3汤匙、盐0.4汤匙

调味酱：蛋黄酱3汤匙、原味酸奶1杯、蒜末0.5汤匙、葱花1汤匙、蜂蜜0.3汤匙、干香料粉0.4汤匙、盐少许、胡椒粉少许

上下烤功能→烘烤功能

时间：25～30分钟
温度：200℃→170℃

制作步骤：

①土豆切成条，放入凉水浸泡5分钟，去除淀粉。

②捞出土豆控干，加土豆腌料，搅拌均匀。

③土豆放入烤盘，烤盘放入预热为200℃的烤箱，烤20～25分钟。

④培根烤后切碎；切片奶酪也切碎，与马苏里拉奶酪碎混合；将调味酱原料混合，制成调味酱。

⑤土豆放入烤箱容器，撒上一部分奶酪碎，搅拌一下，再撒上剩余的奶酪碎和培根碎。

⑥烤箱容器放入预热为170℃的烤箱，烤5分钟左右。

Tips 美味提醒

最后一步，烤箱功能应设定为烘烤功能。

妙不可言的组合
烤虾串和炒饭

用培根裹住虾，涂抹上美味的调味酱，
这样烤出来的烤虾串虽然单吃也很好吃，
但如果与炒饭搭配，味道更是妙不可言。

🧤 材料（＊2人份）：

原料：虾（中等大小）2只、培根6片

腌虾料：盐适量、胡椒粉适量

炒饭：米饭2碗、柿子椒（中等大小）1个、洋葱（大的）1/3个、
葡萄籽油3汤匙、盐少许、胡椒粉少许

烤虾串调味酱：洋葱碎4汤匙、蒜末1汤匙、甜辣酱1汤匙、酱油0.5
汤匙、番茄酱2汤匙、黄糖0.5汤匙、辣椒酱0.5汤匙、速溶咖啡0.2
汤匙、葡萄籽油3汤匙

上下烤功能

时间：15分钟

温度：190℃

制作步骤：

① 去除虾头，挑出虾线。

② 剥皮（留下靠近虾尾的一节的皮），虾洗净沥干。

③ 用少许的盐和胡椒粉腌虾。

④ 制作烤虾串调味酱：平底锅中加葡萄籽油，然后放入洋葱碎；煸香后，放入制作调味酱的其他原料，小火熬煮3分钟。

⑤ 培根切成两半，每1/2片培根裹一只虾；裹好的虾用签子串起来，虾串放入烤盘。

⑥ 虾串上涂调味酱，烤盘放入预热为190℃的烤箱，烤15分钟左右；烤制过程中拿出虾串，再刷一层调味酱。

⑦ 制作炒饭：另一个平底锅中倒入葡萄籽油，放入切碎的洋葱和柿子椒，翻炒。

⑧ 放入米饭翻炒，加盐和胡椒粉调味。

⑨ 炒饭盛入盘中，上面放上烤虾串。

在家中就能享用的寿司
火山卷

在餐厅里吃火山卷，价格昂贵，而且给的量还总是那么少。
如果在家里做，那就能想吃多少吃多少了。

🧤 **材料**（＊2人份）：

原料：米饭1 1/2碗、黄瓜（中等大小）1根、烤好的紫菜（紫菜包饭用）2张、马苏里拉奶酪碎3汤匙、鱼子少许、蟹棒3条

寿司汁：醋2汤匙、白糖1汤匙、盐0.3汤匙

蟹棒调料：蛋黄酱4汤匙、洋葱碎3汤匙、白糖0.3汤匙

奶酪酱：蛋黄酱2汤匙、切达奶酪1片、辣椒酱1汤匙、蜂蜜0.5汤匙、黄芥末酱0.3汤匙

烘烤功能

时间：5～7分钟

温度：180℃

👐 **制作步骤：**

①黄瓜洗净去籽，切成条。

②碗中放蟹棒，倒入蟹棒调料，搅拌均匀。

③在碗中制作寿司汁，白糖和盐溶解后，将寿司汁倒入米饭，拌匀。

④卷帘上放紫菜，紫菜上铺上拌好的米饭，不宜过厚。

⑤米饭上盖一层保鲜膜，然后翻过来。

⑥紫菜上放上拌好的蟹棒和黄瓜条，用寿司卷帘卷起来。

⑦制作奶酪酱：蛋黄酱和切达奶酪放入微波炉加热一会儿，放入制作奶酪酱的其他原料。

⑧寿司卷切成适当大小，摆入盘中，浇上奶酪酱，撒上马苏里拉奶酪碎。

⑨寿司放入预热为180℃的烤箱，烤5~7分钟后拿出，然后放上鱼子。

烤箱清洗小窍门

还留有余温时用湿抹布擦拭

烤箱因食物渣滓和各种油渍变脏时，要在240℃的高温状态下加热10分钟，然后让其自然冷却。在烤箱中还留有余温的时候，将抹布放入温水中浸湿，用湿抹布均匀地擦拭烤箱门和烤箱内壁。注意：必须在有余温的时候擦拭，才能擦干净。擦拭时，要注意不要被烫伤。使用烤箱之后，要及时擦拭。

用干抹布再擦一遍

用湿抹布擦拭之后，需要再用干抹布擦一遍。

可尝试使用小苏打

去除烤箱内壁和表面的顽渍时，可使用小苏打，清洁效果比洗涤剂更出色。具体方法：将小苏打放入水中，待其溶解之后，用抹布蘸上小苏打溶液擦拭；或是先用湿抹布擦拭烤箱之后，撒上小苏打，过30分钟左右，再用抹布擦拭，即可轻松去除顽渍。